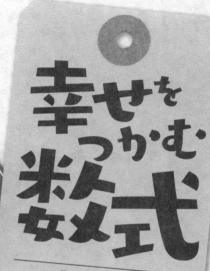

幸せをつかむ数式

オスカー・E・フェルナンデス 著
藤原多伽夫 訳

数学が教える
健康・お金・恋愛の成功法則

化学同人

THE CALCULUS OF HAPPINESS
How a Mathematical Approach to Life Adds Up to Health, Wealth, and Love

Oscar E. Fernandez

THE CALCULUS OF HAPPINESS by Oscar E. Fernandez
Copyright © 2017 by Princeton University Press
Japanese translation published by arrangement
with Princeton University Press
through The English Agency (Japan) Ltd.
All rights reserved.
No part of this book may be reproduced or transmitted
in any form or by any means,
electronic or mechanical, including photocopying, recording
or by any information storage and retrieval system,
without permission in writing from the Publisher.

エミリアへ

いつかこれが読めるようになったら
パパが君を思う気持ちがわかるよ
その日が来たら
そばに来てキスとハグをしておくれ
それが何よりもすばらしい
娘からパパへの贈り物だから

目 次

はじめに viii
各章で取り上げる数学の話題 xii

第Ⅰ部　数式を使って健康になる　　1

第1章　1日にとるべきカロリーを知ろう 2
1.1　食事とカロリーの関係 4
1.2　計算でわかるあなたの代謝量 9
1.3　有酸素運動で上手にカロリー消費 12
1.4　消化に必要なカロリーを知る 16

第2章　正しい食生活で，健康に長生きしよう！ .. 23
2.1　主要栄養素をどれにするか？ 24
2.2　もっと食べても健康になれる！ 36
2.3　ウエスト・身長比で寿命がわかる 41

第Ⅱ部　数学者が教えるお金の管理のしかた　49

第3章　毎月の予算を分析しよう！ 50
3.1　よいお金と悪いお金の分け方 51
3.2　経費とインフレ 58
3.3　仕事を辞めたい人の金銭的心得 73

第4章　投資で一発当てたい！ 83
4.1　年間15%の収益を出すには 85

4.2　最も安全な投資 ……………………………………… *86*
4.3　投資のリスクとリターンを数値化する …………… *89*
4.4　どんな景気でも損失を出さない投資 ……………… *94*

第Ⅲ部　恋人探しに使えるかも？　恋愛の方程式　107

第5章　たった1人のトクベツな人を見つけよう！ ‥ *108*
5.1　宇宙人探索に学ぶ恋人探し ………………………… *109*
5.2　秘書の雇用に学ぶ恋人探し ………………………… *112*
5.3　安定結婚問題で浮気を防止！ ……………………… *118*

第6章　トクベツな人といつまでも幸せに暮らそう！　*127*
6.1　恋愛の力学系 ………………………………………… *128*
6.2　2人とも幸せになるための選択と決断 …………… *134*
6.3　心理学者が使う「離婚しない数学」……………… *141*

付　録　147

付録A：背景知識 …………………………………………… *148*
付録1 ………………………………………………………… *151*
付録2 ………………………………………………………… *158*
付録3 ………………………………………………………… *161*
付録4 ………………………………………………………… *175*
付録5 ………………………………………………………… *177*
付録6 ………………………………………………………… *179*

目 次

結びに代えて	189
謝　辞	192
訳者あとがき	193
参考文献	196
索　引	203

本書に出てくる数式にもとづいたカスタマイズ可能な計算機能を日本語に訳したものを，小社ホームページにて掲載しています．
→　https://www.kagakudojin.co.jp/book/b455005.html

はじめに

　数字，それはどこにでもある．商品の値段，毎日消費するカロリー，さらには恋愛遍歴まで（これまでに付き合った人は何人？その関係はどのくらい続いた？）．とはいえ案外知られていないのは，こうした質問への答えなど，ふだん目にする数字の多くがさまざまなインプット（入力）のアウトプット（結果）であるということだ（たとえば，1日に消費するカロリーは結果であり，食べた物のカロリー，つまりインプットによって異なる）．こうやって考えてみると，興味深い疑問が浮かんでくる．数学を活用して暮らしを豊かにすることはできるのだろうか，と．

　この本では，"健康"，"お金"，"恋愛"という，人生における三つの大きな関心事への疑問に答えてみたい．さいわいにも，これら三つに見られるインプットとアウトプットの関係の多くは「関数」を使って表すことができる．関数は数学者に広く認められた特別な数式だ．この先の各章で，健康やお金，恋愛の裏にある数式についてわかりやすく説明していく．読んでいけば，数式が日常の経験を詳しく観察することによって自然に導き出されたものであること，そして，そこから役に立つ大切な知見をどうやって引き出していけばよいかがわかってくるだろう．それぞれの章では，研究や数学にもとづいて，たとえば次のような話題を取り上げる．

★第1章：年齢や体重に応じて1日に摂取すべきカロリーを算出する数式．

★第2章：悪玉コレステロールの値を下げ，善玉コレステロー

ルの値を上げて，心臓病や糖尿病のリスク低下とダイエットに役立つ食事．

★第2章：どのくらい寿命を縮めているか（そして，縮んだ寿命を取り戻す方法）を推定する数式．

★第3章：月給の手取りを増やす方法．

★第3章：いつまでに仕事を引退できるかを推定する数式．

★第4章：1926年からの利益の年間平均が景気の後退期には8％，拡大期には10％である投資ポートフォリオ．

★第5章：男女グループのなかで，ほかのメンバーと絶対に浮気をしないカップルをつくるためのアルゴリズム．

★第6章：2人の関係のなかで，どちらにとっても公平で明快と受け取られる決定を共同で下すための方法．

読みやすくするために，次のような工夫をした．

- 計算過程は各章の付録に収録：数学には計算がつきものだが，それを読者に本編で強いるのではなく，それぞれの章の付録で説明する〔(➡巻末付録)という記号を付けた〕．ただし，計算を詳しく理解することで役に立つ知見が得られる場合には，例外的に本編に計算を載せることもある．本編では数学のおもな概念と応用例を紹介し，付録で実際の計算を詳しく説明する．付録をまったく読まなくても楽しんでもらえるはずだ！

- 本書の内容に関連する数式をオンラインで公開：数式の隣にコンピューターのアイコン(このページの余白にあるアイコン)がある場合には，その数式にもとづいたカスタマイズ可能な計算機能をオンラインで利用できる．ウェブサイトの場所は次のとおり．

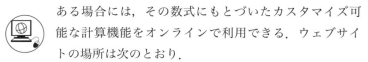

　　http://press.princeton.edu/titles/10952.html

はじめに

- 情報の見せ方を工夫：この本には情報がぎっしり詰まっている．すべての情報を理解しやすくするために，図表や数式，箇条書きなど，さまざまな方法を使って情報を見せている．とくに重要と考えられる情報や，用語，その定義には下線をつけたり，太字にしたりした．
- 各章にまとめとヒントを掲載：それぞれの章の終わりに数学や数学以外の結果をまとめ，関連するお役立ち情報も紹介する．
- もとになった数学や概念を簡単に復習：付録 A には，本書で取り扱っている背景知識(数学)の概念や，よく使われる数学記号の説明を掲載する．
- 簡潔な説明：読者に最初から最後まで読んでもらえるよう，できるだけ簡潔な説明を心がける．
- 参考文献を注釈で明示：本書で引用した参考文献 ([　] 付きの番号で表示)の多くは無料で読める(参考文献欄にそう示してある)．文献によっては，研究の制約に関する短いコメントをつけたものもある．
- 取り上げる数学のトピック一覧：このあとには，本書で取り上げる数学のトピックと，それが登場する章(または付録)の一覧を示す．見てもらうとわかると思うが，取り扱う数学は後半に進むにつれてだんだん高度になる．これはみなさんにだんだんと数学に慣れてもらうためだ．また，本書でおもに取り扱っているのは，微分積分よりも前に学ぶ数学である．例外は第 6 章で，恋愛の力学を説明するために微分積分学の基本的な概念を使っている（この章の付録では，そうした概念のもとになっている数学について簡単に説明している）．つまり，この本に登場する数学のほぼすべては，高校を卒業した人ならば学校で習ったことがあるはずだ．

はじめに

　最大限の努力はしたものの，素材(数学)が難しいと感じるところもあるかもしれない．でも，そこであきらめないでほしい．難しいと思ったら，その部分を何度か繰り返し読み，ところどころでひと呼吸置きながら，書かれている内容について考えてみることをお勧めする．私に連絡してくれてもいい．「マジで!? 著者にメールしてもいいの!?」と思うかもしれないが，全然かまわない．電子メールアドレスは math@surroundedbymath.com だ(連絡をくれた人が多いと，すぐには返事ができないかもしれないが)．

　最後に一つお願いしておきたい．この本を読んで自分の暮らしを大きく変えたいと思ったら，身近にいる適切な専門家（医師など）にまず相談してほしい．そうした人たちは，あなたの状態(病歴など）を詳しく知っているし，本書で取り上げる研究結果があなたにどんな影響を及ぼしそうか判断する手助けをしてくれるはずだ．

　ここからは数学を通じた旅に出かけてみよう．数学なんてしばらく気にしたこともなかったという読者もいると思うが，数学はあなたが日々気になっているものに隠れている．時間をかけてその数学を理解してみれば，生活の質をめざましく向上させそうな知見など，大きな成果を手に入れられるだろう．この本を読んで，生活に数学的なアプローチを取り入れ，数学は学ぶべき価値があるものだと気づいてくれたらうれしい．さあ，旅に出発だ！

　　　　　アメリカ・マサチューセッツ州ウェルズリーにて
　　　　　　　オスカー・E・フェルナンデス

各章で取り上げる数学の話題

それぞれの章(付録)で取り上げる数学のトピックの一覧を示す.

数学のトピック	章(付録)
一次関数	1, 3〜4, 6
区分線形関数	3
多重線形関数	1〜2
二次関数	1, 4, 6
二次方程式の解の公式	付録1
三次多項式	2
多項式	付録1
有理関数	1
指数関数	3
幾何級数的な増加と一次関数的な増加の比較	付録3
対数関数	3
標準偏差	4
確率	5
力学系	6
ゲーム理論(とくに交渉問題)	6
三次元グラフの描画	付録1
1/0 を定義できないことの証明	付録2
安定結婚問題(ゲール=シャプレイ・アルゴリズム)の証明	付録5
微分係数(微分積分学)の概要	付録6

第Ⅰ部

数式を使って健康になる

第 1 章
1 日にとるべきカロリーを知ろう！

　数年前，私はあるチェーンレストラン（ここでは「タスカン・フィールズ」と呼ぶ）に行って，好物の"フェットチーネ・アルフレード"を食べるのにはまっていた．チーズ入りのクリームソースがゆでたてのフェットチーネにかかっていて，炭水化物好きを自認する私にはたまらないごちそうだ．この料理があまりにも好きすぎて，ある時期にはタスカン・フィールズで月に 2 回食べるだけでは飽き足らず，家でもつくっていたほどだった．そしてある日，レストランで席を待っていたときに，料理の栄養情報が載ったパンフレットを見つけた．悪いことしか書いていないのはわかっていた．このまま妄想に浸って暮らし続けたいと思っていたが，そういうわけにもいかない．情報を知らなければならなかった．悪い情報が載っていたのはパンフレットの 3 ページ目だ．フェットチーネ・アルフレードはなんと 1100 kcal（キロカロリー）もあって，飽和脂肪は 41 g（グラム）も含まれているのだ！

　ショックだった．病院に行けば必ず，1 日にとる飽和脂肪を 10 g 以下に抑えるよう医者にいわれてきたのに…．1 日のカロリー摂取量をここまでに抑えるべきといった具体的な推奨値は提示されていないが，1 回の食事で 1100 kcal というのは明らかに

とりすぎだ．そこで私は考えた．1日にどの程度のカロリーをとればよいのか？ 控えるべき食品，もっと食べたほうがよい食品は何か？ こうした疑問に答えてくれるダイエットや栄養，運動に関する本は世の中に山ほどあるだろう．しかし，そのような本に参考文献としてあげられている研究を見てみると，それらすべての根幹には数学があることがすぐにわかる．データに最も適合するグラフを求めたり誤差を計算したりするなど，人の健康にかかわる研究者がデータから結論を導くために，数学は役立っているのだ．その数学を理解すれば，研究成果（そしてその制約）を理解しやすくなる．

これが本書の第1部で取り上げる話題の根底にある．栄養や運動に関する研究成果をどうやって数学に変換するか，そして，研究成果を数学として理解しなければ得られない貴重な知見があるのだということを，この部では示していきたい[*1]．とりわけ次章では，このアプローチを利用して，研究にもとづいたダイエット計画を立てる事例を紹介する．コレステロール値の改善や減量，さらには長生き（これは本当，2.3節を参照してほしい）に役立つだろう．

本題に入る前に，栄養（そして数学）についての基本的な知識がいくつか必要だ．この章ではそうした知識を解説し，最終的には，「1日にとるべきカロリー量」という，どんな人にも欠かせない情報を理解できるまでにしていく．まずは，数学者のお気に入りの場所から始めてみよう．コーヒーショップだ．

[*1] 本編で数学を持ち出すのは，内容の理解や洞察を引き出すために必要だと考えられるときだけにする．計算など数学に関する詳しい情報は各章に対応する巻末付録に収めた．

第1章 ■ 1日にとるべきカロリーを知ろう！

1.1 食事とカロリーの関係

「クリームとお砂糖はいかがですか？」 コーヒーを注文したときによく聞く言葉で，私は決まって(ほとんど反射的に)「はい」と答えてしまう．しかし，ここでは即答を避けよう．クリームや砂糖を入れるかどうかの決定には，この章の根幹をなす数学が含まれているからだ．本題に入る前に，基本的な栄養素に関する説明をしておきたい．

砂糖は**炭水化物**だ．炭水化物は酸素と炭素，水素からなる分子で，消化されると1gにつき4 kcalのエネルギーになる．少なくとも，これまではそういわれてきた．この「陰謀」のもとをたどれば，ウィルバー・アトウォーターという人物に行きつく．現代の栄養学研究の父とされる，アメリカ農務省の科学者だ．アトウォーターは1880年代後半に人間の生理機能に関する広範な実験を実施して，主要栄養素から得られるエネルギーについて幅広い知識をもたらした[*2]．1896年，彼の研究チームはそれぞれの栄養素から得られるエネルギーの平均値を算出し，その値の小数点以下を四捨五入して，**アトウォーター係数**を考案した．その結果，全米で(そして世界のほかの地域でも)あらゆる栄養成分表にそのカロリー値が採用され，炭水化物とタンパク質は1gにつき4 kcal，脂肪は1gにつき9 kcalのエネルギーを生じるとされるようになった[1]．

砂糖1gにつき4 kcalというのは，それほど多くない．とはいえ，コーヒーに砂糖を入れたときに増えたカロリー量は，砂糖

---

*2 彼の研究では，たとえば炭水化物から得られるエネルギーは食品によって異なり(同じパンでも，原料が精白された小麦粉かオートミールかによって違う)，1gあたり2.7〜4.1 kcalという結果がでた．

*3 「$4x$」という表記について簡単に説明すると，これは「4掛けるx」という意味だ．

のグラム数の<u>4倍</u>だということがわかる．具体的にいうと，x グラムの砂糖を加えるとカロリーは $4x$ kcal 増えるということだ[*3]．加えたカロリーを y とすると，次のようになる．

$$y = 4x$$

ほら，これで最初の数式のでき上がり！

ここでいくつかの用語を紹介しよう．x と y の値は変化するので，こうした文字を**変数**と呼ぶ．y の値を求めるためには x を知らなければならないので，y のような変数は**従属変数**という（たとえば $x = 4$ ならば $y = 16$，$x = 3$ ならば $y = 12$ といった具合に，<u>x の値に応じて y の値は変化する</u>）．一方，x の値は数式内のほかの変数の値には影響されないので，こうした変数を「独立変数」と呼んでいる．

とはいえ，$y = 4x$ という数式から役に立つ知見を得たいと思ったら，この式を一次関数（線形関数）として考えるとよい．この言葉は繰り返し登場する．関数については巻末の付録 A で詳しく説明するが，この本で取り扱う数式はすべてなんらかの関数を表しているので，正確な定義は知らなくてもかまわない（このため本書では方程式のことを関数と呼ぶこともある）．とはいえ，第 1 章の目的を考えると，$y = 4x$ が一次関数であると知っておくことは大事だ．一次関数を簡単に定義するとこうなる[*4]．

一次関数の定義

$y = mx + b$ という形式の数式は**一次関数**と呼ばれる．b は **y 切片**，m は**傾き**という．

[*4] 一次関数の最も一般的な定義は，$Ax + By = C$ という形の方程式だ．この式では $B = 0$ のときにグラフの線が垂直になるが，その事例は本書には出てこない．

先ほどつくった $y = 4x$ という「砂糖関数」を $y = mx + b$ と比べてみると，$b = 0$ かつ $m = 4$ であることがわかる．y 切片は 0 なのでわかりやすい．砂糖をまったくとらない場合（$x = 0$），カロリーもまったくとらない（$y = 0$）ということだ．傾きを理解するには，コーヒーにとてもゆっくりと砂糖を加える様を想像してほしい．砂糖の粒子がひと粒加わるたびに，x の値（コーヒーに加えられた砂糖のグラム数）が増えていく．1g の砂糖を加えると，$4 \times 1 = 4$ kcal が加わったことになる．それ以降も同様で，砂糖を 1g 加えるたびに，カロリーは砂糖関数の傾きである 4 ずつ増えていく．

つまり，砂糖関数の傾きは，x の値が 1 単位（砂糖 1g）増えたときに y の値（カロリー）がどれだけ増えるかを示しているというわけだ．傾きに関するこの解釈は，一般的な一次関数にもあてはまる（➡巻末付録 1-1）．もう少しかしこまっていえば，<u>x の値が 1 単位だけ増えると，一次関数の y の値は m だけ増えるか（$m > 0$ の場合），m だけ減る（$m < 0$ の場合）</u>．

砂糖関数の「右へ 1，上へ 4」というラインダンスは，関数 $y = 4x$ のグラフを描けば目に見えるようになる．グラフは関数を目で見て理解するのに便利なので，図 1.1B に示したグラフをどう書くか，ここで説明してみよう．

まず，x と y の値を表にする（図 1.1A の最初の 2 列がその例）．次に，互いに垂直に交わる軸を描く．この図は「xy 平面」と呼ばれ，軸が交差した点を「原点」と呼ぶ．水平な x 軸と垂直な y 軸には目盛りをつける（図 1.1B では水平軸には 0.5 ずつ，垂直軸には 5 ずつ目盛りがつけられている）．2 本の軸で構成された方眼のそれぞれの位置は特定の x 値と y 値をもっている（「原点から右に 5 単位で，原点から上に 20 単位」など）．これら二つの値を組み合

1.1 ▶ 食事とカロリーの関係

A		
x	y	(x, y)
0	0	$(0, 0)$
1	4	$(1, 4)$
2	8	$(2, 8)$
3	12	$(3, 12)$
4	16	$(4, 16)$
5	20	$(5, 20)$

図 1.1 (A)一次関数 $y = 4x$ の値と座標を示した表. (B) x の値が0から5(砂糖の小袋一つの最大容量)までの $y = 4x$ のグラフ. 点は表に示した座標を示す.

わせて座標 (x, y) とし,その座標を方眼に点として描く(**図 1.1A** の3番目の列に示した座標の例を**図 1.1B**に描画する).最後に,点どうしを線で結んでグラフを作成する(**図 1.1B**).

与えられた情報をもとに一次関数をつくり,傾きの意味を解釈する,グラフを読む,といった能力は,本書でこの先よく使う.

さて,クリーム好きの私にはもう一つ決めなければならないことがある.それが一次関数のもう一つの例だ.クリームをスプーン x 杯分コーヒーに入れると,カロリーは $9x$ kcal だけ増えることになる[*5].砂糖の場合よりも傾きが大きいから,スプーン1杯分のクリームは砂糖1gよりカロリーが<u>2倍以上高い</u>ということになる.今日はクリームを入れないことにしよう.

コーヒーに入れるクリームと砂糖の量を決めたところで,ほかの事例を「数学化」(情報を数学に変換するプロセスを示す私の造語)してみたい.これはのちほど取り上げる話題の基礎となる.

[*5] クリームのすべてのカロリーが脂肪に由来すると仮定.これはほぼ正しい.

私が気になっているのは，チョコレート・クロワッサンだ．これを食べても合計のカロリー摂取量を 400 kcal に抑えるには，コーヒーに入れる砂糖の量をどれくらいにするべきだろうか？

クロワッサンの隣にある小さなラベルには，370 kcal と書いてある．だからカロリー摂取量の合計（c とする）は，370 kcal と，コーヒーに加える砂糖のカロリー（$4x$）を足した数になる．この情報から得られる一次関数は次のようになる．

$$c = 4x + 370$$

ここでも傾き m は 4 だが，y 切片 b は 370 となっている（コーヒーに砂糖を入れなければ，私の食事は 370 kcal のままだ）．カロリー量の合計を 400 kcal 以下にするということは，$c \leq 400$（c が 400 かそれより小さい）に等しい．これを解くと，$x \leq 7.5$ g となる（➡巻末付録 1-2）．だから，コーヒーに少しだけ砂糖を入れて，クロワッサンを食べても，カロリー摂取量は 400 kcal 以下に抑えられるということだ．

こうした分析結果は，ある状況や問題を「数学化」する利点の一例だ．このような例は数多くあり，数学者がもたらした研究成果や手法を総動員してさまざまな問題に取り組むことができる．これによって新たな知見が得られることも多い．前述の事例では，炭水化物やタンパク質，脂肪のエネルギー量は線グラフの傾きであることがわかった（傾きや一次関数はあらゆる食べ物に隠れているのだ！）．「数学化」が新たな応用につながることもある．たとえば，コーヒーとクロワッサンの問題で使った手法を応用して，医師に指示されたカロリー制限内でタンパク質や炭水化物，脂肪をどれくらい摂取できるのかを見積もることもできる（➡巻末付録 1-3）．

ここまで，具体的な例にもとづいて，カロリーにまつわる数学を説明してきたが，理解できただろうか．次は，代謝の数学について考えてみよう．

1.2 計算でわかるあなたの代謝量

私が座った店内の一角から，スリムな人たちが大きなフラペチーノ（最大で600 kcalにもなる）を飲み干そうとしているのが見える．人一倍たくさんのカロリーをとっても，太らない人がいるのはなぜだろうか？　その答えを見つけるのは一筋縄ではいかないが，ここでは数学を使ってこの問題を考えてみたい．

まず，よく見てみると，この高カロリーのドリンクを飲んでいる人は若くて背が高いことがわかる．私からテーブルをいくつか挟んで，コーヒーを淹れる場所の隣に座っている男性は，身長が180 cmぐらいありそうだ．20代前半で，運動選手のように鍛え上げられた体をしている．ちょうどバリスタが「ジェイソン」という名前を呼んで，男性に話しかけた．ジェイソンは若くて背が高く，運動をしているから，現在の体重を維持するためには人一倍たくさんのカロリーが必要だろう．こうした推測は正しいだろうか？　答えは「イエス」だ．

人にはそれぞれ**安静時代謝量（RMR）**がある．定義上は，起きて平静にしていて，かつ絶食状態でないときに1日に体内で消費されるエネルギー（カロリー）を示す[*6]．かみ砕いていうと，血液の循環など，体が通常の機能を果たすために1日に必要なエネルギーがRMRだ．これを知ってうれしくなった読者もいるだろう．<u>指一本動かさなくても，RMRに相当するカロリーが毎日消費されているなんて！</u>

[*6] RMRの測定は軽い朝食を食べた数時間後に実施される[2]．

第1章 1日にとるべきカロリーを知ろう！

　自分のRMRを知るには，病院や健診所に行き，呼気ガス分析器という装置を体に装着して，平静時に消費する酸素の量を測定してもらう．しかし，これには手間もコストもかかるし，RMRがどんな要素にもとづいて算出されるのかもよくわからない．

　そこでまた，アトウォーターの出番だ．彼の実験をきっかけに，代謝のしくみを解き明かす研究が始まり，それを数値で表す手法として（1918年のハリスとベネディクトの研究によって）いち早く生まれたのがRMRだ．彼らが考案したのは，体重，身長，年齢というわずか三つの変数からなる公式だった．その後の実験によって公式はだんだん正確になり，最近の比較研究で1990年の**ミフリン＝セント・ジョー式**[3]が最も正確であるとされた*7．

ミフリン＝セント・ジョー式を使ったRMRの求め方

$$RMR_{男} = 9.92w + 6.26h - 5a + 5 \qquad (1.1)$$
$$RMR_{女} = 9.92w + 6.26h - 5a - 161 \qquad (1.2)$$

最初の式は男性，二つ目の式は女性のRMRを求めるもので，どちらも19歳以上が前提だ．wは体重(kg)，hは身長(cm)，aは年齢を指す．

　おそらくぱっと見て気づくと思うが，二つの式はほぼ同じだ．異なるのは最後の項だけ（"+5"と"−161"）．実際，式（1.2）に166を加えると式（1.1）になる．つまり，ミフリン＝セント・ジョー式では，<u>体重と身長，年齢が同じなら男性のほうが女性よりも166 kcal余分に必要</u>と推定されているということだ．これでまたもう一つ，数学から新たな知見を得た！

---

*7　これらの公式は完全なものではない．巻末の参考文献では，その正確性に関する研究者のコメントをもとに短く議論している．

式に含まれているほかの数字，9.92，6.26，−5 は「係数」と呼ばれていて，やはりそれぞれに意味がある．ジェイソンを例にとって，それらの意味を見ていこう．彼が 23 歳だとすると $a = 23$ だ．身長 h は 180 cm．これらの値を式(1.1)に代入すると，こうなる．

$$\text{RMR}_{\text{ジェイソン}} = 9.92w + 1017 \qquad (1.3)$$

やっぱりこれも一次関数（傾きは 9.92）だ．式(1.1)に戻り，今度はジェイソンの体重と年齢を代入すると，さっきとは違って，傾き 6.26 の一次関数が得られる．ミフリン゠セント・ジョー式が特別なのは，複数の一次関数が含まれているということだ．RMR を求める式は多重線形関数の一例で，「変数が w で傾きが 9.92 の一次関数」とも，「変数が h で傾きが 6.26 の一次関数」とも，「変数が a で傾きが −5 の一次関数」ともいえる（多重線形関数のグラフを描くには 3 以上の次元が必要になるので，3D グラフの図については**巻末付録 1-4** を参照のこと）．

だがよく考えると，もっとある！　ミフリン゠セント・ジョー式を一次関数と考えれば，傾きの解釈を式(1.1)と(1.2)の係数に適用することもできる．w の係数 9.92 を例にとると，体重が 1 kg 増えるごとに，RMR が 9.92 kcal 増えると推定できる．**表 1.1** には，身長や年齢と RMR の関係についてまとめてある[*8]．

表 1.1 からわかるのは，バリスタとのおしゃべりに夢中なジェイソンはエネルギーの必要量が多いということだ．若くて大柄という彼の特徴は，どちらも RMR を増大させる要因となっている．一方，私の向かいに座っている年長の紳士は，背が低くてやせているから，RMR の値はおそらく低いだろう．こうやってコーヒー

[*8] $\text{RMR}_{男}$ と $\text{RMR}_{女}$ の式に含まれている係数は同じなので，表 1.1 の情報は男性にも女性にも適用できる．

第 1 章　1 日にとるべきカロリーを知ろう！

表 1.1　体重，身長，年齢がそれぞれ 1 単位上がるごとに，RMR がどう変わるかを予測した．1 単位下がった場合は，変化の方向が逆になる（「増加」が「減少」になる）．

もしあなたが…	あなたの RMR は…
1 kg 増えると	9.92 kcal 増える
1 cm 高くなると	6.26 kcal 増える
1 つ年をとると	5 kcal 減る

ショップを見回せば，店内にいるそれぞれの人の RMR が手に取るようにわかりそうだ．食べ物に一次関数が隠れているだけでなく，あなたの体のなかには多重線形関数が隠れている．

忘れないでほしいのは，RMR は平静にしている状態での値と定義されていることだ．たくさん歩いたり体を動かしたりすれば，RMR で推定された値より多くのカロリーが消費される．次に，そうしたカロリーの値を求める方法を見ていこう．

1.3　有酸素運動で上手にカロリー消費

運動という言葉を聞くと，ランニングや水泳といった，体に負荷をかける活動を思い浮かべる人がほとんどだろう．しかし，なにかしら体を動かす活動であれば運動になるものだ．バリスタがコーヒーショップで忙しくドリンクをつくる作業も，ある種の運動になる．ゼーゼーハーハーと息が切れるわけではないが，そうやって 1 日を過ごせば，自分の RMR よりも多くのカロリーが消費される．

余分に消費されるカロリーがどれくらいかを調べるため，**有酸素運動**（ふだんよりも速く呼吸しなければならない運動）を例にとろう．呼吸が速くなると酸素の消費量が増える．アトウォーターの研究にもとづいた実験によって，酸素を 1 リットル消費する

ごとにおよそ 5 kcal が消費されることがわかっている（だから，体の脂肪を減らすためには有酸素運動が最も効果的なのだ[4]）．スポーツ科学では，この情報を利用して，**1 分間の有酸素運動で消費されるカロリー（ACB）**を推定している．RMR と同じように，ACB を推定するための数式は研究によっていくつか考案されている．以下に示すのは，体重と年齢，心拍数をもとに算出する比較的精度の高い数式だ[5]．

1 分間の有酸素運動で消費されるカロリーを推定する

$$\text{ACB} = 0.044w + 0.05a + 0.15r - 13 \quad (1.4)$$

ACB は 1 分間の有酸素運動で消費されるカロリー（kcal），w は体重（kg），a は年齢（歳），r は心拍数（回/分[bpm]）．

この数式の優れた点はいくつかある．一つは，あらゆる種類の有酸素運動に適用できること[*9]．もう一つは，すでに気づいてくれているとうれしいのだが，これもまた多重線形関数であるということだ！　つまり，w, a, r の係数は，RMR の式の場合と同様に考えてよい．

心拍数が高いほど ACB は高いなど，ここから得られる知見にはわかりやすいものもあるが，意外な結果も一つある．それは，年齢が上がるほど ACB が高くなるということだ．また，式(1.4)が多重線形関数であるという性質から，ミフリン＝セント・ジョーの式の場合と同じ手法を用いてこの式を一次関数に変えると，もっと実用的になる．たとえば，ジェイソンの年齢（$a = 23$）と

[*9] とはいえ，人間に対する実験をもとにつくられた公式はどれもそうだが，限界はある．巻末の参考文献で，この公式に関するコメントを参照のこと．

体重(推定で $w = 70$)を代入すると,式(1.4)は次のようになる.

$$\text{ACB} = 0.15r - 8.77 \qquad (1.5)$$

傾きが 0.15 なので,ジェイソンの心拍数が 1 bpm 上がるごとに,1 分間に消費されるカロリーが 0.15 kcal 増えるということだ.具体的な例で考えると,たとえば,先ほど私が食べたコーヒーとクロワッサンの 400 kcal の軽食を,ジェイソンが 20 分間で消費したいとする.これは ACB が 20 kcal/分の有酸素運動に相当し,式(1.5)から,その軽食のカロリーをすべて消費するには,心拍数(r)が 191.8 bpm の運動を 20 分間続けなければならない(→**巻末付録 1-5**).これはかなり高い数値だ(胸がどきどきしたときの心拍数はせいぜい 140 bpm ほど).実際,191.8 bpm はジェイソンの理論的な「最大心拍数」よりも高い.

おおまかにいうと,個人の**最大心拍数(MHR)**は,長時間の運動のあいだに持続できる最大の心拍数だ.ありがたいことに,科学の名のもとに最大心拍数で運動してくれる勇敢な人は数多くて,そうした人を対象とした研究が行われている.実験の結果,年齢だけにもとづいて最大心拍数を推定できる数式が考案された.$\text{MHR}_{\text{pop}} = 220 - a$(これも一次関数)という式は有名なので,知っている人もいるかもしれないが,ここでは,誤差が最も小さい**二次多項式**を使ってみたい[6].

最大心拍数の推定

$$\text{MHR} = 192 - 0.007a^2 \qquad (1.6)$$

MHR は最大心拍数(bpm),a は年齢(歳).

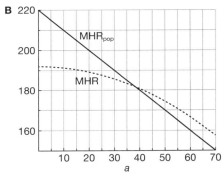

図1.2 (A) 二次関数のMHR（$= 192 - 0.007a^2$）と一次関数 $\mathrm{MHR_{pop}} = 220 - a$ の値の表. (B) MHR（破線）と $\mathrm{MHR_{pop}} = 220 - a$（実線）のグラフ.

　この関数は独立変数（a）の指数が2なので<u>二次</u>と呼ばれる. 一次関数とは異なり，二次多項式のグラフは（非線形のほかの多項式のグラフも）曲線になる[*10]．比較のために，最大心拍数を求める二つの式の表とグラフを 図1.2 に示した．これを見れば，曲線という意味がわかる．

　ジェイソンの年齢（$a = 23$）の場合，式（1.6）では最大心拍数が約 188 bpm で，400 kcal をすべて消費するのに必要な 191.8 bpm より低い．しかし，一次関数のほうでは最大心拍数が 220 − 23 = 197 となり，191.8 を上回る．このため，式（1.6）を考案した研究者たちは「従来の式（220 − 年齢）を使用すると若齢の成人では"MHR"が<u>過大</u>に，高齢者では<u>過小</u>に見積もられる」と指摘している．このことは 図1.2B からもわかる（40歳の手前では一次式のグラフが二次式のグラフの上方に位置している）[*11]．だ

[*10] 二次（およびそれ以上の）多項式について詳しく知りたい読者は，巻末付録1-6を参照のこと．一次関数は多項式としては特殊であることがわかる．

から，ジェイソンが 400 kcal を 20 分間で安全に消費することは不可能であろうと考えられる．

式(1.5)と式(1.6)を利用すれば，実生活でよく直面する問題を解くこともできる．典型的なのは，最大心拍数の x% で運動した場合に c カロリーを消費するには，どれくらいの時間がかかるのかといった問題だ．これはよくある疑問なので，数学を利用して解ければかなり便利だと思う（➡巻末付録 1-8）．さらに，巻末付録に収録した手順をたどれば，自分用にカスタマイズした式(1.5)と式(1.6)を使って答えを導き出すこともできる．

これで，RMR と有酸素運動が**1日の総エネルギー消費量 (TDEE)** にどれくらい影響しているかが理解しやすくなった．これら二つは主要な要素ではあるが，さらにもう一つ，ここで触れておきたい要素がある．それは食物の産熱効果というもので，簡単にいうと，体の中で食物の消化に使われるエネルギー（カロリー）だ．さまざまな研究から，食物によっては消化に多くのエネルギーを必要とすることがわかっている．具体的にはどんな食物なのか，TDEE を求める数式とともに説明しよう．

1.4 消化に必要なカロリーを知る

いま私がいるコーヒーショップは，食材を週に 1 回仕入れているようだ．その際，従業員は荷物をトラックから積み下ろし，荷を解いて，店内の所定の場所に分配するためにエネルギーを消費する．これと似たようなことが，食事をしたときに体内で行われている．新たに摂取したカロリーを取り込むためにも荷解き（消化）や分配（吸収）が必要で，コーヒーショップの従業員のように，

---

*11 ボーナス問題：この年齢を正確に求めることができるか？ 答えは巻末付録 1-7 にある．

1.4 ▶ 消化に必要なカロリーを知る

表1.2 それぞれの主要栄養素の産熱効果と，100 kcal の摂取で得られる実質的なエネルギー量[7, 8].

主要栄養素	産熱効果(カロリーの%)	100 kcal の摂取で得られるエネルギー量(kcal)
タンパク質	20 〜 35	65 〜 80
炭水化物	5 〜 15	85 〜 95
脂　肪	3 〜 15	85 〜 97

私たちの体もこうした仕事のためにエネルギー（カロリー）を消費している．食物の消化や吸収，排出に必要なエネルギーは**食事誘発性熱産生(DIT)**と呼ばれる．

DIT の効果は主要栄養素によって異なる．表1.2 からわかるように，代謝に必要なエネルギーが最も多いのはタンパク質で，次に，炭水化物，脂肪と続く．

食物の産熱効果とはつまり，100 kcal の軽食を食べても 100 kcal がそのまま体内に取り込まれるわけではないということだ．軽食がタンパク質だけだった場合，体に取り込まれるのは 65 〜 80 kcal しかなく，脂肪だけの場合は 85 〜 97 kcal である．

ふつう DIT は 1 日の総エネルギー消費量の構成要素としては最も小さい．すでに大きな要素の説明は終えたので，いよいよここで 1 日の総エネルギー消費量（TDEE）をおおまかに計算する式を紹介しよう[*12].

$$\text{TDEE} \approx \text{RMR} + 24\,\text{時間の ACB} + \text{DIT} \quad (1.7)$$

TDEE に影響する要素はほかにもあるが，これら三つが主要な要素だ．簡単に補足すると，「24 時間の ACB」は 1 日のすべて

[*12] 式で使われている ≈ 記号は「近似」の意味だ（付録 A の数学記号の一覧では本書で使われているほかの記号も説明している）．

の有酸素運動で消費されるカロリーを指し，食事や運動の量は日によって異なるので，TDEE もまた日によって異なる．

TDEE を毎日計算するのはなかなかたいへんだ．だから，たいていのフィットネス専門家はもっと単純な式を好む．

1日の総エネルギー消費量を推定する

$$\text{TDEE} \approx \text{RMR} \times 活動因子 + 0.1C \qquad (1.8)$$

TDEEは1日の総エネルギー消費量（kcal），RMRは式(1.1)か式(1.2)で得られた適切な値，活動因子は 表1.3 の値の一つ．C は1日のカロリー摂取量（kcal）．

この式に含まれている「活動因子」は，1日の活動の度合いを表す数値で， 表1.3 にその参考値をいくつか載せた．

式 (1.8) では，RMR と適切な活動因子を掛けたあと，式 (1.7) の DIT 項を近似するために1日のカロリー摂取量の 10% を加えている．

式 (1.7) と式 (1.8) を紹介したところで，この章の目標は達成した．これらの式を使えば，現在の体重を維持するために必要なカロリー量をおおまかに把握することができる．健康の専門家に話を聞くと，カロリー摂取量が TDEE よりも少ないとカロリー不足に陥って体重の減少につながり[*13]，カロリー摂取量が TDEE を上回るとカロリーのとりすぎで体重の増加につながるはずだといわれる．ここで「おおまか」や「はず」といった言葉を使ったのは，

[*13] カロリー不足の状態を長く続けないように注意すること．しばらくすると，体がエネルギー摂取量の低い状態に適応してしまう．これは**代謝適応**[9]と呼ばれる現象で，それによってカロリー不足の状態が緩和（場合によっては解消）される．

1.4 ▶ 消化に必要なカロリーを知る

表1.3 活動因子：自分に該当する因子とRMRを掛けることで，RMRと身体活動からエネルギー消費量を見積もることができる．

活動のレベル	活動因子
身体活動はゼロかほとんどない	1.2
軽い運動を週に1〜3日	1.4
中程度の運動を週に3〜5日	1.5
中程度から活発な運動を週に6〜7日	1.7
活発な運動を毎日	1.9

栄養学というのは厳密な科学ではないからだ．主要栄養素のエネルギー量を単純化したアトウォーター係数から，式（1.7）や式（1.8）のような近似式まで，不正確な部分は多々あるのだが，そうした誤差とうまく付き合う方法もある．たとえば，私はフェットチーネ・アルフレードのカロリーを知ってショックを受けたあと，1日のカロリー摂取量の上限をRMRにし，タンパク質をもっと多くとるようになった．タンパク質の多い食事はDITの効果がより大きいうえ，私は1日中テレビを見ながらポテトチップスを食べるような生活をしているわけではないから，おそらくカロリー不足になるだろう．

ここで紹介したTDEEの式と，ショック後の私の反応は，もしかしたら最も重要な「数式」を表しているのかもしれない．

$$\text{数学} + \text{研究にもとづいた専門的な知識} = \text{自分を幸せにする力} \tag{1.9}$$

確かに，この章で取り上げた栄養と運動に関する研究（研究にもとづいた専門的な知識）を数学化することで，健康的な暮らしを送るための確固たる基礎を築くことができた．次の章では，ここで得た知見を利用してコレステロール値の改善のほか，心臓病

や糖尿病のリスク緩和，さらには長寿に役立つような食生活を築く方法を探っていこう．

第 1 章のまとめ

数学のお持ち帰り

- 関数は**従属変数**と**独立変数**という，2 種類の変数の特別な関係を記述する．
- 関数は**グラフ**を描くことで視覚化できる．それぞれ一つの従属変数と独立変数からなる関数の場合，グラフ上の点の座標は独立変数を x, 従属変数を y として，(x, y) という形式で表される．x の値には水平軸の目盛り，y の値には垂直軸の目盛りを使う．
- **一次関数（線形関数）**は「**傾き**」と「**y 切片**」という二つの数字によって定義される．傾きは x 値が 1 単位増加したときの y 値の変化を表し，y 切片はグラフが y 軸と交わる点の y 値を指す．
- **多重線形関数**は複数の独立変数からなり，変数のそれぞれが固有の傾きをもっている．
- 一次関数のグラフは**直線**になる．非線形の多項式関数のグラフは**曲線**になる．

数学以外のお持ち帰り

- 栄養成分表には炭水化物とタンパク質が 1 g あたり 4 kcal，脂肪が 1 g あたり 9 kcal あると書かれているが，これはあくまでも簡略化した数値だ（**アトウォーター係数**）．
- 栄養学では一次関数や多重線形関数がよく登場する．これらの関数の傾きを見れば，アトウォーター係数や**安静時代謝量**

第 1 章のまとめ

（**RMR**）など，栄養に関する数多くの基本的な概念が理解しやすくなる．

- 誰でも 24 時間カロリーを消費し続ける「マシン」をもっている．それは自分の体だ．体内では毎日，RMR に相当するカロリーが消費されている．RMR は式 (1.1) や式 (1.2) と身長，体重，年齢から推定できる．これらの要素が 1 単位変化すると，RMR も一定量変化する（表 1.1）．RMR の式による推定では，男性の場合，1 日のカロリーの消費量は同じ身長，体重，年齢の女性よりも 166 kcal 多い．

- **有酸素運動**を行えば，**1 日の総エネルギー消費量（TDEE）**を増やすことができる．これは体の脂肪を燃やす最も効果的な方法だ [4]．1 リットルの酸素を消費するのにおよそ 5 kcal が使われるので，消費できるカロリーの量はどれだけ激しく呼吸するかによって異なる．式 (1.4) と体重，年齢，心拍数を使えば，1 分間の有酸素運動で消費されるカロリー（**ACB**）を推定できる．とはいえ，運動するときにはあまり無理をせず，式 (1.6) で求めた最大心拍数を十分に下回るように気をつけよう．

- 主要栄養素の代謝に必要なエネルギー（カロリー）の量はそれぞれ異なり，その主要栄養素の**食事誘発性熱産生（DIT）**から推定できる．タンパク質は DIT が最も高く，その代謝には摂取したカロリーの 20 ～ 35％が必要だ．表 1.2 には，ほかの主要栄養素の DIT も示した．

- RMR と 24 時間の ACB，食べた食事の DIT を合計すれば，1 日の総エネルギー消費量をおおまかに推定できる．その方法は式 (1.7) を参照のこと．個人の活動量や食事は日によって異なるので，TDEE も日によって違う．

- 式 (1.8) を使って自分の TDEE を見積もることができる．自分に合った活動因子については表 1.3 を参照のこと．

- 理論上は，自分の TDEE の分だけカロリーを摂取することで現在の体重の維持に役立つ．TDEE よりもカロリー摂取量が少ないとカロリー不足になり，体重の減少につながるおそれが

第 1 章　1 日にとるべきカロリーを知ろう！

　　ある．反対に，TDEE よりも多くのカロリーを摂取するとカロリー過多となり，体重の増加につながるおそれがある．
- 栄養学は正確ではない．この章で取り上げた式の一部については，参考文献のページにその誤差や制約に関する短い説明を添えてあるので，そちらも併せて参照してほしい．

 お役立ち情報

- 万歩計を手に入れよう．単機能のものなら安く買える．それでも歩数の計測には十分だし，ときどき数値をチェックすると，ふだんよりもっと歩こうという気になるものだ（これでカロリー消費量がさらに増える）．
- スマートフォンのアプリでカロリーを記録しよう．アプリを使うと食物の摂取量や運動量を記録しやすいし，なかには 1 日のカロリー摂取量の目標値を設定して TDEE を維持しやすくしたり，体重や体脂肪率を入力できたりするアプリもある．
- 多機能な体重計を手に入れよう．最近では体重だけでなく体脂肪率を測定できる体重計が売られているし，測定結果をパソコンに取り込めるものまである．体重は朝食前など，同じ時間帯と条件で測るのがよい．こうすることで，食事や時間帯による体重変動の影響を除外できるからだ．

第2章
正しい食生活で，健康に長生きしよう！

　フェットチーネ・アルフレードと決別した私は，忙しいときに食事をとる新しい場所を探し始めた．レストランを絞り込むときに参考にしたのは，食事の栄養に関する情報だ．さいわいにも，いい店を地元で見つけることができた．「ブリトー・ボブ」というメキシコ料理店で，新鮮かつ（栄養の観点から）高品質な食材を使ったブリトー（小麦粉でつくったトルティーヤで具材を巻いたメキシコ料理）やタコスが食べられ，量を自分好みに調整できる．そこでライスなどの具材を選んでいるときに，一つの重大な疑問が頭に浮かんできた．「ブリトーに何を入れるべきか？」

　本章では，この疑問をもとに，それぞれの主要栄養素がもつ健康への効果を探っていきたい．前の章で学んだ知識を生かし，栄養学の観点から，ブリトーの具材のなかでどれが健康的か（そしてその理由）を考えてみよう．そのあと，体によい食べ物を簡単に把握できる関数を紹介し，最後には，そうした知見を生かして決めた食事が長生きに役立つこともある(これは本当)ということを説明する．それでは，ブリトー・ボブに入ろう．

第 2 章　正しい食生活で，健康に長生きしよう！

2.1　主要栄養素をどれにするか？

ブリトー・ボブのメニューはシンプルに見えるが，それに惑わされないようにしたい．実際，選択の幅はかなり広い．ブリトー一つをとっても，トルティーヤを使わない"ブリトー・ボウル"を選ぶことも可能だ．私はそれを食べようと思っている．ここですでに一つの選択をした．なぜこの食事が健康的なのかを説明しよう．

2.1.1　体脂肪と中性脂肪の絶妙な関係

ブリトー・ボブの店でブリトーに入れられる具材のうち，トルティーヤは最もカロリーが高い（店のメニューに書かれた栄養の情報によると 300 kcal だ）．私が選んだブリトー・ボウルでは，この 300 kcal が最初から除外されているし，余分なカロリーを摂取した結果として生じる体脂肪の増加も防ぐことができる（もっと厳密にいうと，余分なカロリーは中性脂肪という血中に含まれる脂肪の一種に変換され，その中性脂肪が細胞にたまる[10]）．しかし，ここで「余分」という言葉に注目したい．体脂肪に入った物質は体脂肪から出ることもあるのだ．たとえば，食事と食事のあいだに，中性脂肪はエネルギーとして利用される．体脂肪は世間でいわれているように体に居座り続けるものではなく，いってみれば，エネルギーの一時的な貯蔵庫なのだ．

となると，何を「余分」と考えればよいのだろうか？　私がかつて好物だった 1100 kcal のフェットチーネ・アルフレードは明らかに「余分」の定義にあてはまるが，常に変化し続けるという体脂肪の性質を考えると，1 回の食事で余分なカロリーをとっても，夕食はスープだけにしておくなど，ほかの食事のカロリーを低く

抑えれば，バランスがとれるということだ．ここでは，1日の総エネルギー消費量(TDEE)を上回るカロリー（1日に摂取した過剰なカロリー）を「余分なカロリー」と定義しよう*1．余分なカロリーは体脂肪を増やすので，カロリーを過剰に摂取して1日を終えたら体脂肪が増えるということだ．TDEEと，その背景にある多重線形関数についての実用的な知識があれば，体重や体脂肪の管理をしやすくなる．

体脂肪を増やさない暮らしへの道は，これではっきりした．毎日，カロリーの摂取量をTDEE以下に抑えることだ．しかし，TDEEを下回るカロリーしかとらないのは体にとって快適ではなく，カロリー不足の状態に陥ってしまう．しかも，体はエネルギー不足を補うために，二つの物質を使ってエネルギーをつくる．それは，体にたまった体脂肪（やめてー！）と筋肉組織（やったー！）だ．体脂肪は動き回るとぷたぷするだけだが，筋肉は伸縮にエネルギーを使う活発な組織なので，動かすと全体的なカロリー消費量が増える．だからこそ，筋肉は維持しておきたい．筋肉を維持せずにカロリー不足に陥った場合，体重減少の大部分は筋肉が減った分になる．そうなれば，体脂肪率（体重全体に対する体脂肪の重さの割合）が上がることになるから最悪だ．体重が減ったのに，脂肪が増えたように見えるなんて！

さいわいにも，この運命を避けられる主要栄養素が一つある．DITの希望の星，タンパク質だ．ここからは，タンパク質がどのくらい必要か，そして，タンパク質の摂取量を増やすことで得

---

*1 24時間のエネルギー消費量は食事の回数には影響しないとの研究結果がある[12〜14]．被験者たちは1日に1回もしくは6回の食事をとった．1日1回しか食べない被験者は1回の食事でとるカロリーが明らかに多かったが，彼らの24時間のエネルギー消費量は1日6回食事をとった被験者（1回の食事のカロリーがはるかに少ない）と変わらなかった．余分なカロリーを定義するとき，個別の食事ではなく，TDEEにもとづいたほうが理にかなっているのはこのためだ．

られる思いがけない恩恵を見ていこう．

2.1.2　なぜタンパク質がスゴイのか？

　タンパク質の恩恵について考えるために，まずはブリトー・ボブの店で出しているチキンについて，注文をとってくれるアンドレアという若い女性に聞いてみよう（彼女は「当店のチキンについてお気軽にお尋ねください」と書かれたTシャツを着ている）．

　「ブリトー・ボウルを一つください．それと，チキンについて教えてもらえますか？」

　「もちろん」とアンドレアはいった．

　「当店のチキンには，タンパク質が32g，脂肪が7g含まれていて，炭水化物はゼロ．カロリーは180kcalです」

　「タンパク質はけっこうたくさん入っていますね」

　「ええ，おそらくお客様のRDAの半分ぐらいです」

　「何ですかそれ？」

　「RDAは，栄養の推奨摂取量のことです．タンパク質の場合，体重1kgにつき約0.8g．お客様の体重が77kgだとすると，タンパク質のRDAは1日62gになります．というわけで，当店のチキンにはRDAの半分ぐらい入っているということになります」

　すごい，専門知識が豊富だ．それに，私の体重をどうやって推測したのだろう．

　「私の体重がよくわかりましたね」

　「個人を対象にしたトレーナーもやっているので，人の体重をあてるのは得意なんです」

　「ああ，どおりでね．じゃあ，RDAを満たすために，チキンの量を2倍にしたほうがいいですか？」

「そうしないほうがいいでしょう．今日1日を終えるまでに，ほかの食事でタンパク質のRDAの残りを摂取することになるでしょうから．でも，カロリー不足の状態でしたら，2倍にしてもいいかもしれません．カロリーが足りない場合，体がエネルギー源として筋肉を使わないようにするには，1日に体重1キロにつき最大で約2gのタンパク質を消費する必要があるという研究結果があるんです」[11]

タンパク質の恩恵についてアンドレアはもっと教えてくれそうだったが，列のうしろで待っている人が何人もいるから，このへんでやめておこう．彼女が教えてくれたことは本当だし，ほかにもいいことがある．タンパク質をたくさん食べると減量にも役立つのだ！ 1.4節で引用したDITの研究[7]に関する論文には，こう書かれている．「短期的（6カ月以内）には，タンパク質が少ない食事に比べて，タンパク質が多い食事のほうが減量を促進する可能性がある」．この効果に対する説明として論文の筆者らがあげているのが，タンパク質のDIT効果の高さだ．彼らの試算によると，タンパク質の摂取量を増やして1日にたった40 kcal余分に消費するだけで，1年間に1.9 kgの減量につながるという．論文には，タンパク質の摂取量を増やすことの恩恵がほかにも書かれている．彼らが調べた14件の研究のうち11件で，タンパク質の摂取量を増やした被験者は「主観的な飽満の度合いが著しく増した」という．かみくだいていうと，満腹感を得やすくなったということだ．タンパク質の摂取量を増やす恩恵が，こんなにたくさんあるなんて！

しかし，カロリーを増やさずにタンパク質の摂取量を増やすには，脂肪か炭水化物の摂取量を減らさなければならない．どちらを減らすべきか？ ヒントを出そう．アンドレアの隣にいる男性，

エリックがブリトー・ボウルにライスを入れるかと聞いてきたとき，私は「結構です」と答えた．炭水化物の摂取量を減らすと，体にいいことが驚くほどたくさん起きることがわかってきたのだ．

2.1.3 炭水化物の摂取量を減らすメリット

最初にこの研究成果を紹介しよう．「体重を減らす比較対照試験で，6〜12カ月間にわたるLCD（低炭水化物ダイエットの略で，筆者らは炭水化物の摂取量を1日に50〜150gにすると定義している）は減量のほか，空腹時の中性脂肪，HDLコレステロール，そして総コレステロールとHDLコレステロールの比率の改善につながる」．すごいでしょ？　これは，低炭水化物ダイエットに関する100件近い研究を調べた最近の文献[16]から引用したものだ*2．この研究成果がどれくらい重要なのか，もう少し詳しく説明しよう．

まずは減量について．筆者らは低炭水化物ダイエットがもたらすこの効果を次のように説明している．「カロリー摂取量については何も触れずに，炭水化物の摂取量を制限するように指示すると，カロリー摂取量が自然に減ることにつながる」．これは納得がいく．炭水化物の摂取量を減らす手法としては，野菜を食べる量を増やすというのがよくある例だ（野菜はパスタなどの炭水化物よりもカロリーが少ない）．

心臓の健康にかかわる中性脂肪やコレステロールの値はどうだろう？　話がうますぎるようにも思えるのだが，そんなことはない．炭水化物を減らす食生活によって「脂質プロファイル」（コレステロール値を調べる血液検査）の数値を劇的に改善できるのだ．

---

*2　ほかにも，無作為に選んだ23件の比較対照試験を調べてLCDの効果をまとめた研究[15]も参考にしてほしい（結論は似ている）．

2.1 ▶ 主要栄養素をどれにするか？

　中性脂肪のことはすでに説明したが，コレステロールについてはまだだった．「悪玉コレステロール」や「善玉コレステロール」といった言葉をおそらく聞いたことがあるだろう．前者は**低密度リポタンパク質（LDL）**を指すのだが，血液中のLDLが多すぎると，動脈にプラークが形成されやすくなり，心臓発作や脳卒中を起こすリスクが高くなる（だから「悪玉」と呼ばれる）．さいわいにも，体のなかには後者の**高密度リポタンパク質（HDL）**という掃除屋がいる．HDLの粒子は血中のコレステロールを肝臓に戻して，体外に排出する役割を果たしているのだ（だから「善玉」と呼ばれている）[*3]．

　LDLとHDLはどちらもリポタンパク質だが，その名前からわかるように密度が異なる．「何の密度？」と疑問に思う読者もいるだろう．いい質問だ．それに答えるには，中性脂肪に話を戻さなければならない．

　先ほど説明したように，中性脂肪は血液中にすぐに放出されるわけではない．血液を通して中性脂肪を運ぶ必要が生じたときに（食事と食事のあいだにエネルギーが脂肪から抽出されているときなどに），中性脂肪はリポタンパク質に封入される（これは肝臓で行われる）．このとき生成されたリポタンパク質を，**超低密度リポタンパク質（VLDL）**という．VLDLの分子は血液中を循環するうちに中性脂肪を失って小さくなり（改めていうが中性脂肪はエネルギーとして使われる），コレステロールの割合が高くなる[18]．お察しのとおり，VLDLは最終的にLDLへと変わる．

---

*3　コレステロールに関する見方は変わり続けている．かつてはコレステロールの総量が悪だとされていたが，LDLとHDLが発見されると，それぞれ「悪玉」と「善玉」という語がつくようになった．最近では，LDLにもHDLにもさらに小さな分子が含まれ，そのなかには害が大きいものもあることがわかってきた．したがって，悪玉と善玉で分けるのは簡略化しすぎなのかもしれない．

低炭水化物ダイエットで中性脂肪の値が下がることは，以前から科学的に知られていた[*4]．中性脂肪とコレステロールの関係がわかったいまなら，低炭水化物ダイエットが心臓の健康によいことが理解しやすくなっただろう．一方で，おそらく釈然としないのはこの点ではないだろうか．低炭水化物ダイエットに関する研究の多くで，被験者に炭水化物の代わりに脂肪を摂取させている点だ．「どういうこと！？」と思う気持ちはわかる．脂肪を食べる量を増やして健康になる（とりわけ心臓が健康になる）というのは，直感的には信じがたい．このことについて次に解説しよう．

2.1.4　脂肪は敵か味方か？

研究[16]の話に戻って，低炭水化物ダイエットが心臓の健康にもたらすよい効果について見ていこう．文献[16]の表3に，研究で取り上げた低炭水化物ダイエットの主要栄養素の内訳が詳しく記載されている．この表で意外なのは，脂肪の摂取量が40%を下回るダイエットがない点だ．カロリーの40%を脂肪として摂取して，心臓が健康になるなんて．そんなのありえない！

ありえないと思う前に，研究の中身に目を向けよう．60件の比較対照実験に関する最近の**メタ分析**[20]（複数の研究を分析する研究）で，炭水化物を脂肪に置き換えた食事のコレステロールの影響が調べられた．その結果，炭水化物を不飽和脂肪酸に置き換えるとコレステロール値は改善するが，飽和脂肪酸に置き換えるとコレステロール値はたいてい悪化することがわかった．さらに研究チームは，置き換え後の総コレステロールとHDLコレステ

---

*4　簡単にいえば，炭水化物の摂取量が多いと血糖値の増加につながる．体内で余分な血糖を除去する方法の一つには，体脂肪として保存する（2.1.1項で説明したように中性脂肪を体脂肪に蓄える）ことがある．詳しくは文献[19]を参照のこと．

ロールの比率(THR)を予測する式を考案した[20, 図2], *5.

式の各項の意味は以下のとおり.

炭水化物を脂肪に置き換えたあとの THR の推定

$$\text{THR} = 0.003s - 0.026m - 0.032p + b \quad (2.1)$$

THR は総コレステロールと HDL コレステロールの比率. ほかの変数の意味はこのあと説明する.

- **変数 s, m, p**:変数 s は,炭水化物のカロリーを<u>飽和脂肪酸</u>のカロリーに置き換えた割合(たとえば $s = 5$ ならば,炭水化物のカロリーの 5% を飽和脂肪酸のカロリーに置き換え,そのほかの食事は変えていないということ).変数 m と p の意味も同様で,m は炭水化物のカロリーを<u>一価不飽和脂肪酸</u>のカロリーに置き換えた割合,p は炭水化物のカロリーを<u>多価不飽和脂肪酸</u>のカロリーに置き換えた割合だ.
- **b の意味**:数字 b は現在の THR(炭水化物のカロリーを脂肪のカロリーに置き換える前の値).論文の筆者らは b を「総コレステロールと HDL の比率」と表現している.

式 (2.1) は,前章で取り上げた RMR の式と同じく多重線形関数だ.だから,同じ手法を使って式 (2.1) の変数の係数を解釈できる.**表 2.1** にそれらの解釈をまとめた.

注目したいのが,炭水化物のカロリーの 1% を<u>飽和脂肪酸</u>のカ

---

*5 論文の筆者は,心臓病のリスクの指標として総コレステロールや個々のコレステロール (LDL など) の値よりも THR のほうがよいとする研究を引用している.THR が低いと心臓病のリスクも小さいと考えられる.巻末の参考文献で,この研究の制約に関する解説も参照してほしい.

第2章 正しい食生活で，健康に長生きしよう！

表2.1 炭水化物のカロリーの1%を脂肪のカロリーに置き換えた場合に，総コレステロールとHDLコレステロールの比率（THR）に対して予測される効果．

炭水化物のカロリーの1%を以下に置き換える	THRの変化
飽和脂肪酸のカロリー	0.003 増加
一価不飽和脂肪酸のカロリー	0.026 減少
多価不飽和脂肪酸のカロリー	0.032 減少

ロリーに置き換えた場合，THRが0.003増加すると予測されることだ（これはまずい，THRの値が高くなると心臓病のリスクが高まるとされている）．しかし，一つ罠がある．式(2.1)のそれぞれの係数には誤差があるのだ[20, 表1]．mとpの係数の誤差の範囲には負の数しか含まれていないが，sの係数の誤差の範囲には正と負の両方が含まれている．つまり，この研究の分析では，炭水化物のカロリーの1%を飽和脂肪酸のカロリーに置き換えた効果（THRの増減など）が正確には予測されていないということだ[*6]．しかし，炭水化物を不飽和脂肪酸に置き換えた場合，誤差の範囲を考慮に入れても，式(2.1)ではTHRが減少する（したがって心臓病になるリスクも低下する）と予測される．これで，多重線形関数は心臓の健康にも役立つことがわかった！

この分析からもう一つわかるのは，脂肪のなかには心臓の健康によいものもあるということだ[*7]．だから私は，ブリトー・ボブで注文をまとめてくれたエリックに，ブリトー・ボウルへのトッ

[*6] 飽和脂肪酸は心臓病を引き起こさないという主張を支持する証拠が増えてきている．この問題を研究している最近の研究については文献[21]か，『*TIME*（タイム）』誌の2014年6月23日号（表紙には「バターを食べよう．脂肪は敵だと科学者はいうが，それはなぜ間違いなのか」とある）を参照してほしい．

[*7] 文献[20]の表2で，著者らは個々の飽和脂肪酸を調べ，ココナッツオイルに高濃度で含まれるラウリン酸がTHRを下げることを見いだした．だから，飽和脂肪酸でも種類によっては体によいということだ．

ピングとしてアボカドを追加で注文した．1カップのアボカドには15gの一価不飽和脂肪酸が含まれていて，飽和脂肪酸は3gしか入っていない．先ほどライスの追加をやめたから，アボカドの追加は炭水化物を（おもに）一価不飽和脂肪酸に置き換えたようなものだ．これで，式（2.1）の係数 −0.026 に従って THR を下げられた！

こうした研究結果を極端に受け取って，炭水化物をすべて不飽和脂肪酸に置き換えようかと思う読者もいるかもしれない．しかし，体によい脂肪があるように，「体によい炭水化物」もあるのだ．次に，その主人公に登場してもらおう．

2.1.5　知られざる主人公，食物繊維

食物繊維は栄養成分表で「不溶性」と「水溶性」の二つに分けられている．食物繊維は通常，「消化されない」といわれているが，それはおおむね正しい（詳しくはのちほど説明する）．「消化できないものを食べる意味なんてあるのか？」と思う読者もいるかもしれない．しかし，食物繊維は健康に対して驚くような恩恵をもたらすことがわかってきている．たとえば，不溶性食物繊維は消化器官を通り抜けるうちに大きくなり，便通のリズムを整える役目を果たす．しかし真のロックスターは，水溶性食物繊維だ．

水溶性食物繊維はその名のとおり水に溶けてゲル状になり，小腸を通るうちに LDL コレステロールを集める役割を果たす[23]．食べたものが下から排出されるとき，そのゲル（固まり）もコレステロールといっしょに外に出る．なんと，体内に循環するコレステロールを少なくするのだ！　これは，食物繊維をたくさん食べる人が，心臓病や糖尿病をはじめ，あらゆる病気になりにくい理由の一つである[22]．ここでブラックビーンズ（黒いインゲン豆）

第2章 正しい食生活で，健康に長生きしよう！

を食べる人に朗報．1カップのブラックビーンズにはおよそ4gの水溶性食物繊維と15gのタンパク質が含まれ，脂肪は実質的に含まれていない[24]．1日に半カップ食べる生活を3週間続けるだけで，LDLコレステロールが20 mg/dL下がる[25]．

炭水化物の代わりに食物繊維をとることのもう一つのメリットは，それに伴うカロリーの減少だ．「ネットカーブ」（正味炭水化物）支持者の主張によれば，食物繊維は消化できないので1gあたりのカロリーはゼロだから，炭水化物の総量から食物繊維の重さを差し引いて（「ネットカーブ」を計算して）食物のカロリー量を再計算すべきだという．しかし，食物繊維は結腸で細菌によって発酵されることもある．なかには，これによって体内で使われるエネルギーを得ている人もいる[26]．状況が人によって異なるので，食物繊維にアトウォーター係数を設定するのは難しいのだが，一般的には1gにつき2 kcalという値が受け入れられている[17]．だから，食物繊維が多い食事の場合，合計のカロリー摂取量から食物繊維の量を2倍した値を差し引いてもかまわない*8．

最後にもう一つ，食物繊維をとるメリットに触れておきたい．1日に食べる炭水化物の量を150 gに制限するとしよう．先ほど説明したように，150 gの炭水化物の大部分を食物繊維として摂取すれば，利用可能な炭水化物のカロリーをさらに減らすことができる．つまり，カロリー不足の度合いが高まることになる．しかし見方を変えれば，そうしたカロリーの大部分を食物繊維が豊富な食べ物からとれば，もっとたくさん食べられるということで

*8 たとえば，1カップのブラックビーンズは227 kcalで，15 gの食物繊維を含んでいる．食物繊維を考慮したカロリー量は197 kcalだ（227から2×15＝30を引いた）．ただし，栄養成分表をよく読むこと．食品によっては食物繊維を考慮したカロリー量が記載されていることもある（米国食品医薬品局の規則では，カロリーの合計量から食物繊維のカロリーを差し引くかどうかの判断は食品会社に委ねられている）．

もある.だから私は食物繊維を「知られざる主人公」と呼んだ.炭水化物の代わりに食物繊維が豊富な食べ物を食べれば,心臓にもよいし,便通ももっと規則的になる.知らず知らずのうちにカロリー摂取量を減らしたり,カロリー摂取量を維持しながら食事の量を増やしたりすることも可能だ.だから私は,ブリトー・ボウルにブラックビーンズをたっぷり入れてもらってから注文を確定した(表 2.2).

以上の内容を理解するには時間がかかるかもしれないが,章の終わりのまとめに概要を載せておくので安心してほしい.ここでは,体によい数学からわかった二つの要点を繰り返しておく.1日の総エネルギー消費量(TDEE)に気をつけること,そして,それぞれの主要栄養素が健康にもたらす効果を理解することだ.

しかしまだ,究極の目標を達成していない.1日のカロリー摂取量が TDEE を上回らないように抑えやすい食べ物を選び,これまで説明してきた健康上の恩恵を得られる簡単な方法はあるだろうか.答えはイエスだ.しかも,たった一つの関数を使えばい

表 2.2 ブリトー・ボウルに入れた具材のエネルギー密度の比較(栄養の情報は nutritiondata.com より).

具 材	1人前のカロリー	1人前の重さ(g)	エネルギー密度 (kcal/g)
鶏肉	180	113	$\dfrac{180}{113} \approx 1.6$
ブラックビーンズ	120	113	$\dfrac{120}{113} \approx 1.1$
ピコ・デ・ガヨ・サルサ	20	99	$\dfrac{20}{99} \approx 0.2$
チーズ	100	28	$\dfrac{100}{28} \approx 3.6$
ワカモレ	230	113	$\dfrac{230}{113} \approx 2$

い. 次に説明しよう.

2.2 もっと食べても健康になれる！

TDEE は 1 日に食べられる食事の「予算」のようなものだ. ほかの予算と同じく, 私たちは限られた支出で最大の成果を得たいと思う. その際に関係してくるのが**エネルギー密度**である.

その概念は単純で, 食べ物のカロリーを重さで割るだけ. 具体的な例として, 私が先ほど注文したブリトー・ボウルの具材のエネルギー密度を計算してみよう (表 2.2 参照).

まず伝えておきたいのは, 食物繊維を含んだ食品では「1 g あたりのカロリー」の計算が正確でない場合もあるということだ. 食物繊維のカロリーが全体のカロリーからすでに差し引かれていても問題はないのだが, 食物繊維のカロリーを差し引くと食品のエネルギー密度は下がる. ブラックビーンズを例にとると, 豆がもつ 120 kcal には, 1 人前に含まれる 12 g の食物繊維のカロリーも含まれている. 食物繊維のエネルギーは 2 kcal/g とされているので, 120 kcal から 24 kcal を差し引くと, エネルギー密度は約 0.85 kcal/g まで下がってしまう. 同様に, ワカモレ (アボカドを使ったソース) に使われているアボカドにも食物繊維が含まれているので, ワカモレの実際のエネルギー密度は表に記載された 2 kcal/g よりも小さい.

ここからは楽しい部分だ. パターンを探そう. 注目したいのは, ほとんどすべての具材のエネルギー密度が 2 kcal/g 以下だということ. 飽和脂肪酸がたっぷり入ったチーズだけが例外だ. だから, ブリトー・ボウルに入ったヘルシーな具材と健康に悪い具材を分ける「閾値」は 2 kcal/g であると考えられそうだ. しかし, この 2 kcal/g という値はどの程度広く適用できるのだろうか.

2.2 ▶ もっと食べても健康になれる！

ほかのよくある食べ物のエネルギー密度を計算して表にまとめても，ヘルシーな食べ物とそうでない食べ物を隔てる値はだいたい 2 kcal/g なのだろうか．実際のところ，だいたいそうだと考えていい．英国栄養財団の「満腹感を得やすい食べ物」の図にそう書かれている（図2.1）．

図の1列目はエネルギー密度からいえば楽園だ．フルーツと野菜は低いカロリーで最も大きな満腹感が得られる．ブリトー・ボブでの私のお気に入り（豆とチキン）は，ヨーグルトや卵とともに2列目にある．3列目はグレーゾーンだ．ジャムやミートピザは体によくなさそうだとわかるが，それでもヘルシーな選択肢として赤身の肉やサーモンのグリルを控えめに食べてもいい．でも，チョコレートムースはやめておく．4列目は，調理用油，炭水化物の加工食品（クラッカーなど），バターのような高脂肪の食品など，エネルギー密度の点では最悪な食べ物だ．だから，2 kcal/g というのは体によい食べ物と悪い食べ物を分ける目安としてよさそうだ．

「わかったよ．でも，究極の目標ってどこにあるんだ？」 よくぞ聞いてくれた．それを説明するために，見方を変えてみよう．たとえば 100 kcal の「予算」があるとする．そのなかで最も満腹感が得られるのはどれだろうか？

図2.1 でバナナとクロワッサンを比べてみよう．まず，クロワッサンはエネルギー密度がバナナの4倍近い（$3.7/0.95 \approx 3.9$）ことがわかる．バナナの場合，クロワッサンの4倍の量を食べても，カロリーの摂取量がクロワッサンと同じということだ．たとえば，100 kcal を摂取する場合，バナナはおよそ 105 g 食べられるが，クロワッサンは 27 g ほどしか食べられない（➡巻末付録2-1）．つまり，クロワッサンよりもバナナを食べるほうが満

第2章 正しい食生活で，健康に長生きしよう！

図2.1 英国栄養財団の「満腹感を得やすい食べ物」の図より抜粋．この図はインターネットから自由にダウンロードできる[27]．©British Nutrition Foundation, 2010.

腹感を得やすいのだ(同じカロリーで4倍の量を食べられる)．それに，見た目の効果もある．同じカロリーだったら，ミニクロワッサン1個(コンピューターのマウスほどの大きさで，ふた口で食べてしまう)よりも，中くらいの大きさのバナナ(何口か楽しめる)のほうを，私なら選ぶ．

　カロリーが同じ食品が何種類かあるときにどれを食べるかを考

える場合，この新たな手法を使うと，エネルギー密度の概念がさらに役に立つ．これ以上つべこべいわずに，私が**食べ物を選択する有理関数（RFC）**と名づけた式をここで紹介しよう．

$$\mathrm{RFC} = \frac{100}{g} \tag{2.2}$$

この式で g は食品の重さ（グラム），分子（100）の単位はキロカロリー（kcal）だ．したがって，式(2.2)の単位はキロカロリー毎グラム（エネルギー密度）となる．

数学的に見ると，RFC はこれまでに取り扱ってきたほかの関数とは異なり，「有理関数」の単純な例だ．これは「多項式を多項式で割る」形式の関数で割り算が含まれているため，独立変数の値によっては定義されない場合もある．たとえば，RFC 関数は $g = 0$ のときには定義されない（ゼロで割ることができないため ➡ 巻末付録 2-2）．有理関数のグラフは多くの場合，関数が定義されない値に近づきながら無限に続いていく．RFC 関数でも g の値がゼロに近づくにつれてそうなっている（図 2.2B 参照）．

図 2.2B からは栄養に関して重要な知見が得られる．まず，グラフ上で食品が現れる場所は，エネルギー密度に応じてそれぞれ異なるという点だ．それぞれの食品の y 値がエネルギー密度で，x 値は 100 kcal を摂取するのに食べなければならないグラム数を示す．たとえば点 C（クロワッサン）は y 値が 3.7，x 値が約 27（先ほど算出した値）だから，クロワッサンのエネルギー密度は 3.7 kcal/g で，100 kcal を摂取するのにおよそ 27 g 食べる必要があるということだ．次に，点 S（イチゴ）を見てみよう．クロワッサン 1 個の代わりにバナナ 1 本を食べるのが気乗りしないという読者は，クロワッサンの代わりに<u>イチゴを 300 g 食べる</u>

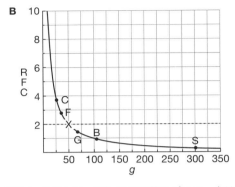

図2.2 (A) 関数 RFC = 100/g の値の表．(B) この関数のグラフ．点はバナナ (B)，クロワッサン (C)，チキンのグリル (G)，フライドポテト (F)，イチゴ (S) のエネルギー密度を示す．X は曲線のグラフと直線 $y = 2$ が交わる点を示す．

のはどうだろうか？ ここで知識のお持ち帰り．RFC 曲線の右側にある食品ほど，同じ 100 kcal を摂取する場合に（重さで）たくさんの量を食べることができる．曲線の左側にある食品よりも，同じカロリーで満腹感を得やすいということだ．満腹になればそれ以上食べられなくなり，カロリーの摂取量を減らしやすくなる．

RFC 関数から得られる知見はそれだけではない．図2.1 にあるすべての食品をグラフにプロットしていけば，2 kcal/g という魔法の閾値がグラフに表れてくるだろう．図2.1 にあるいくつかの食品をプロットしただけでも，2 という y 値（2 kcal/g という魔法のエネルギー密度）を示す濃い点線が，エネルギー密度の変化が大きい領域（グラフ上の X より左側）とエネルギー密度の変化が小さい領域（X より右側）を分けていることがわかる．これが意味するのは，右側の領域にある食品どうしなら，エネルギー密度にそれほど大きな違いがないので交換してもかまわないとい

うことだ．一方，左側の領域にある食品はエネルギー密度が大きく違うことがあり，同じ重さでも知らず知らずのうちに過剰なカロリーを摂取してしまう場合があるので要注意だ．最後に注目してほしいのは，グラフの右側の領域が 図2.1 のエネルギーの楽園にあたるということだ．この領域にある野菜や果物，赤身肉，不飽和脂肪酸，食物繊維は，それほどたくさん食べなくても満腹感が得られ，体重の維持や減量を助け，疾病予防の効果もある．

今回はふだんあまり注目されない有理関数（RFC 関数）が主人公となった．これさえあれば健康的な生活が送れる．関数を知るツアーをもう少し続けて，今度はおなじみの友だち（多項式）を長寿に役立ててみよう．

2.3 ウエスト・身長比で寿命がわかる

2005 年，2 人の研究者がこんな表題の論文を発表した．『ウエストと身長の比率が，肥満の健康リスクに関する世界共通の指標として手軽で効果的である六つの理由と，それが肥満について訴える公衆衛生の国際的なメッセージを簡素にする効果』[28] というものだ．長いタイトルではあるが，内容をすべて伝えている．この論文には，心血管疾患や糖尿病を進行させるリスクの指標としてウエスト・身長比（WHtR）が有効であるとする数多くの根拠が書かれている[*9]．さらにこの論文が系統的に検証された結果，WHtR が 0.5 よりも高い人は心血管疾患や糖尿病が進行するリスクが高まることがわかった[29]．こうした病気をもつ人が長生きしないといわれても特段驚かない．驚くのは，WHtR の値にもとづいて寿命が何年短くなるかが，研究によってわかっている

---

*9 WHtR はウエスト周囲径と身長（cm など，単位をそろえること）の比率から求める．

ということだ．

これを研究した論文の一つが2014年に発表されている．研究チームはイギリス人（イングランド人，ウェールズ人，スコットランド人）に関する20年分の健康データを使用し，個人のWHtRにもとづいて「寿命が縮まった年数」（YLL）を算出した[30]．その論文には，30歳，50歳，70歳の非喫煙者の男女について，WHtRが0.5を上回った場合に寿命が何年縮まったかを示した図表が掲載されている（その後の研究でイギリス人以外でも同様の結果が出た）．

しかし，30歳や50歳，70歳以外の人ではどうだろう．わざわざ論文の表を見てYLLを推定するのではなく，それを算出できる数式があればいいのに．そこで数学の出番だ．

まず，WHtRをr，男性の非喫煙者のYLLを$y_{男}$，女性の非喫煙者のYLLを$y_{女}$とする．次に，論文で取り上げられていた三つの年齢グループがわかるように，yのあとに年齢を加える（たとえば30歳男性の非喫煙者のYLLは$y_{男,30}$とする）．これらの変数を使って，30歳の男女に関する数式を以下に示す（ほかの年齢の数式は付録に収録した➡巻末付録2-3）．

$$y_{男,30} = 616.67r^3 - 920r^2 + 467.83r - 81$$
$$y_{女,30} = 150r^3 - 175r^2 + 69r - 9.4$$

上記の式（それと付録に収録した残りの式）は，これまで見てきた数式のなかでいちばん不恰好ではあるのだが，少なくともそのグラフは美しい．図2.3には，YLLの数式のグラフを六つすべて示した．いくつか重要な特徴をあげておこう．

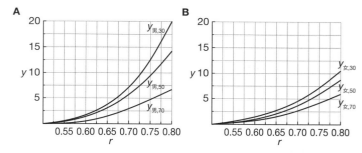

図 2.3 (A) 30歳, 50歳, 70歳の男性の非喫煙者に関するグラフ. 寿命が縮んだ年数 (y) をウエストと身長の比率 (r) の関数として描いた. (b) 同じく, 女性の非喫煙者に関するグラフ. これらのグラフの数式は巻末付録2-3を参照*3.

- **WHtR 値が同じ場合, 男性のほうが女性よりも寿命が縮まる年数が多い**. これは, $y_{男,30}$ と $y_{女,30}$ など, 同じ年齢グループを比べてみるとよくわかる (二つのグラフで x 軸と y 軸のスケールが同じなので, 直接比べることができる). 30歳男性の場合, WHtR が 0.8 の人は 0.5 の人より 20 年も寿命が短くなるが, 30歳女性の場合は, WHtR が 0.8 の人は 0.5 の人よりも 11 年しか寿命が短くならない.

- **WHtR の増加に伴って寿命が縮まる年数は, もともと WHtR が高い人のほうが低い人よりも多い**. グラフ A の $y_{男,30}$ を例にとろう. r が 0.7 から 0.75 に上がると YLL の増加は 5 だが, r が 0.75 から 0.8 に上がると YLL は 7.5 も増加するのだ. ここで知識のお持ち帰り. 「WHtR がもともと高い場合, WHtR が少し上がっただけで YLL が著しく増加する」(こうなるのは式が非線形だから). 私は楽観主義者なので, この文の「前向きバージョン」も示しておこう. 「<u>WHtR がもともと高い場合, WHtR が少し下がっただけで YLL が著しく減少する</u>」. その

好例が30歳男性の非喫煙者で，WHtRが0.8から0.75まで下がった場合，減少率はわずか6％ほどだが，寿命は7.5年も伸びるのだ！

- **WHtRがYLLに及ぼす影響は年齢とともに小さくなる．** WHtRが同じ0.8である場合，70歳の女性のYLLは30歳の女性の半分程度しかない．これには，生き残った人だけを調査の対象とする生存者バイアスもあるだろう（たとえば，WHtRがきわめて高い30歳女性のなかには，70歳まで生きられなかった人もいるかもしれない）．
- **YLLはWHtRが0.5のときに最小になる．** これにはすでに触れたが，図2.3でもすべてのグラフがそうなっているのを見ておいてほしい（rが0.5のとき，すべての曲線のy値がほぼゼロになっている）．

「とても参考になる」と思ってくれたらうれしい．「でも，私は30歳でも50歳でも70歳でもないんだけど」という読者もいるだろう．大丈夫，ここは数学の王国だ．すでにYLLを表す式はあるのだから，論文[30]に記載された三つの年齢グループのデータに縛られず，独自の式を利用してあらゆる年齢のYLLを推定することができる（➡巻末付録2-4）．

現在のWHtRで縮まると予測される年数の寿命を，どうやって取り戻せばよいか．すでに成長しきってしまった読者の場合，身長は変えられないので，ウエストを縮めるしかない．となると，こう考える人もいそうだ．脂肪吸引！　でも，そんなに簡単なものじゃないと思う．もっと有益なのは，栄養状態の改善と運動で，おなかの脂肪を減らすことだ．結局は，この本の最初のページに書いてあること（体によい食べ物を探す）に行き着く．炭水化物を

減らす,タンパク質と食物繊維を増やす,良質な脂肪をとる,エネルギー密度を小さくする,TDEE を意識して暮らすといった,栄養の研究に数学を適用して築いてきた手法は,長生きにも役立つかもしれないということがわかった[*10].数学を使ってまた一つ(すばらしい)知識を得た!

日常生活に数学を応用することの大きな恩恵を,だんだんわかってきてもらえているとうれしい.しかし,まだ始まったばかりだ.数学から得られる知見は,もっとたくさんある.あとの章では,早期退職の実現や恋人探しに数学を役立てる方法なんてことも紹介していきたい.なんだか大げさな話のようにも思えるが,数学の応用範囲の広さについて,こんなことをいっている科学者もいる[33].「経験とは無関係な人類の思考の産物である数学が,これほど見事に現実の事象にあてはまるとは,いったいどういうことだろう?」(アルベルト・アインシュタイン).

[*10] 最近,食生活指針諮問委員会(アメリカ人の食生活にかかわる政府の指針を発表する栄養学の専門家委員会)が健康に関する科学的な証拠を検証した結果(ドラムロール開始),飽和脂肪酸の摂取量を制限し,多価不飽和脂肪の摂取量を増やすべきで〔どちらも式(2.1)と合っている〕,脂肪全体の摂取量を制限する必要はなく(!),糖分の摂取量を制限し,未精白の穀物や果物,野菜の摂取量を増やして,もっと運動すべきだと結論づけた[31, 32].

第 2 章のまとめ

数学のお持ち帰り

- **有理関数**は「多項式を多項式で割った」形式の関数.グラフによっては無限に続く場合もあるが,これはゼロで割ろうとした

ことなどの影響だ.
- **非線形多項式**(図 2.3 の三次多項式など)では,x の値がどこから 1 単位上がるかによって y 値の変化量は異なる(図 2.3 に関する二つ目の特徴を参照).この特徴は一次関数(線形関数)とは対照的だ(x の値が何であっても,x が 1 単位上がれば,y は決まった数だけ増減する←これが傾き).

数学以外のお持ち帰り

- 摂取した余分なカロリーは**中性脂肪**となり,脂肪細胞に保存される.だから,余分なカロリーをとると体脂肪が増える.中性脂肪は食事と食事のあいだに脂肪から取り出され,のちにエネルギーとして消費される.こうした事実から,体脂肪は不変のものというよりも,エネルギーの一時的な貯蔵庫としての役割が大きいことがわかる.
- カロリーの摂取量が **1 日の総エネルギー消費量(TDEE)** を上回らなければ,体脂肪は増えないはずだ.
- タンパク質は DIT が高いので,その摂取量を増やすと 1 日の総エネルギー消費量が上がる.また,満腹感を得やすくなり,カロリー不足の状態にあるときに筋肉を維持するのにも役立つ(さらによいのは,週に数回の筋力トレーニングで筋肉量の低下を防ぐことだ).
- **低炭水化物ダイエット**を行うと,コレステロールや中性脂肪の値が高いなど,多くの病気の兆候が短期間で改善されることが,さまざまな研究で示されている.また,低炭水化物ダイエットによって短期間で体重(そして体脂肪)が減ることもある.
- 炭水化物の代わりに,同じカロリー量の不飽和脂肪酸を摂取すると,総コレステロールと HDL コレステロールの比率が下がることがわかっている.その結果,心臓病が進行するリスクが低下する〔式(2.1)と表 2.1 を参照〕.
- 炭水化物の摂取量をゼロにはしないこと.食物繊維が豊富な炭

水化物をとると，**低密度リポタンパク質（LDL）コレステロール**の値が下がることがわかっている．その結果，心臓病が進行するリスクが低下する．食物繊維をとる量を増やすと，便通が規則的になり，カロリー摂取量の削減に役立つ．

- **エネルギー密度**が低い食物を食べると，少ないカロリーで満腹感を得やすくなり，TDEE に近いカロリー摂取量を維持できる．食べた食品のエネルギー密度を計算する際には，RFC 関数式（2.2）の対応する点をグラフにプロットしよう．こうすることで，食生活を改善する際に効果が見た目でわかりやすくなる（X 軸の右側にある食品をたくさん食べ，左側にある食品の量を減らす）．
- 体によい食品と悪い食品を分ける境目は，エネルギー密度でいうとだいたい 2 kcal/g だ．忙しいときには，食品の栄養成分表を見て，1 人前のグラム数をそのカロリー量で割れば，おおまかなエネルギー密度がわかる．
- **ウエスト・身長比**（ウエストの周囲長を身長で割った数値）をできるだけ 0.5 に近く保つと，長生きに役立つ．付録に収録した式を使えば，現在のウエスト・身長比でどのくらい寿命が縮まるかを推定できる（→巻末付録 2-3）．

 お役立ち情報

- 毎週，キッチンにある食品を体によい食品に置き換えていこう．私は以前，白いパンが好きだったが，いまでは食物繊維が豊富な全粒粉のパンを食べていて，すっかりそれに慣れた．よいパンを見つけるにはいくつかの店を探さなければならなかったが，その苦労に値する成果を得た．チョコレートについても同様だ（とても色の濃いダークチョコレートは食物繊維をたくさん含

んでいて，健康へのメリットも多い）．
- 食生活は少しずつゆっくり変えよう．私は以前，ソーダ（砂糖のかたまり）ばかり飲んでいて，水はまったくといっていいほど飲まなかったのだが，最近では水ばかり飲んでいて，ソーダはほぼ一滴も飲んでいない．でも，ソーダから水にひと晩で切り替えたわけではない．まずソーダをダイエットソーダに変えて，カロリーを減らしつつ，ソーダの味もまだ楽しめるようにした．それに慣れたら，ダイエットソーダを炭酸水に変えた．これで炭酸を残しつつ，人工の原料の大半をカットできた．ここまでくると，ふつうの水への移行は，ソーダから直接移行するよりもずいぶん楽になる．
- 食品用のはかりを手に入れよう．自分が食べる食事の重さを数日間にわたって測定し，現状の摂取量を把握する．そうすれば，カロリーの摂取量もより正確に見積もれるようになる．
- ファストフードの栄養情報が得られるアプリを見つけよう．主要なファストフード店の栄養情報が載った無料のアプリはたくさんある．アプリによっては検索機能があり，さまざまな店のメニューのなかで 100 kcal 未満のメニューだけを探すといったことができるものもある．
- ウェブサイト nutritiondata.com を利用しよう．栄養情報を無料で閲覧できるサイトのなかで，これほど詳しくて見やすいサイトはない．さまざまな食品の栄養成分といった基本的な情報はもちろん，自分に合った検索条件を指定できるし（食物繊維の量が最大でカロリーが最小の食品を探すなど），食品の栄養についてとても詳しい情報が載っている．

第Ⅱ部

数学者が教える
お金の管理のしかた

第 3 章
毎月の予算を分析しよう！

　前の章で，1 日の総エネルギー消費量（TDEE）を 1 日に食べる食事の「予算」と考え，実際に食品を選択して食べることを「予算を使うこと」に見立てるように提案した．エネルギー密度の概念を紹介し，少ない支出（カロリー）で最大の満腹感を得られる食品が何かを考えた．「予算」や「支出」といった言葉は通常，お金と関係して使われる．栄養とお金には何か関係があるのだろうか？ 答えはイエス．私はこうした用語を栄養に関する章にわざと仕込んで，両者の関係についての話題を予告したわけだ．TDEE を毎月の予算，そして，カロリー（TDEE の通貨）をお金（毎月の予算の通貨）と考えてみよう．毎月の予算より支出が多いと（"予算不足"の状態になると），TDEE よりも多くのカロリーを摂取する（カロリー過多の状態になる）といった問題が起きる．

　第 2 部では，この栄養とお金の関係を利用して，これまでの章で取り組んできた健康的な食生活の探求と同じ手法で，家計の管理について考えてみたい．お金の使い方を分析し，それぞれの段階にある要素一つひとつについて，数学を利用して役に立つ知見を探っていく．この章では毎月の予算に焦点をあて，次の章でもっと幅広い経済や投資に注目する．まず，毎月の予算を収入や

税金, 経費に振り分け, こうした要素を理解しやすくする手段として, いくつかの新しい関数（指数関数や対数関数）を紹介する. これらは収入アップや節税, 経費削減に役立つだけでなく, 家計に対してよりよい判断を下す助けにもなる. 数学はさらに,『ロード・オブ・ザ・リング』の登場人物ならば「一つの数式はすべてを統べる」と呼ぶであろうものまでもたらしてくれる. それは, 経済的自由を得られる時期を特定し, 仕事を引退して自分の貯蓄だけで生活できる日がいつになるかを教えてくれる, すごく大きな力をもった数式だ. さてそろそろ始めようか.

3.1 よいお金と悪いお金の分け方

まずはなじみの場所から, この新たな冒険を始めよう. キッチンテーブルなど, 自宅のどこかに今月分の請求書があるはずだ. 第2章で, 体への効果はカロリー源によって異なることを説明したが (DITの効果と健康への短期間の影響は主要栄養素によって違うことを思い出そう), 請求書をよく調べてみると, お金にも同じような働きがあることがわかってくる. 月々の予算から<u>差し引かれる</u>お金（ローンなど）もあれば, 家計に<u>加わる</u>お金（預金の利息など）もある. よいお金と悪いお金を分けるために, まず月々の家計の要である収入から考えてみよう.

話を具体的にするために, 時給1000円の仕事を唯一の収入源と設定する[*1]. 1年に x 時間働くとすると, 収入 E は次のような x の一次関数となる.

$$E = 1000x \qquad (3.1)$$

傾きが1000だから, 1時間働くごとに収入が1000円増える

[*1] 1000円の部分を自分の時給に置き換えれば, 自分に合わせて計算できる.

ことになる．しかし，式 (3.1) から得られる金額は，税金が差し引かれる前の総収入であることに注意しよう．

税金？　税金！　その気持ちはわかるが，慌てないで．税金も突き詰めれば数学だ．つまり，これまでに本書で学んだ知識を使えば理解できて，さらには節税もできるということだ．どういうことか説明していこう．

ここではとりあえず，国に納める所得税に注目しよう（ほかの税金についてはあとで触れる）．税額の計算は単純で，次の三つの手順に従うだけだ．

---

1. **課税所得**を計算する．

　　課税所得 = 総収入 − 該当する控除

2. 課税所得にもとづいて**税率区分**を特定する．
3. 該当する数式を使って，自分の納税額を計算する．

これで終わり！　ここからはそれぞれの手順と，家計にどんな影響が出るかを解説していこう．

多くの国と同じく，日本も所得税は**累進課税**となっていて，高収入の人ほど税率が高い．説明を単純にするために，申告者は「個人」とし，誰かの扶養家族ではないとする．表3.1 に示したのは，国税庁が2018年用に設定した個人の税率区分だ．税率区分は「納税額」の列に含まれているパーセント（%）で区別している．この値からは，収入のうち何%が手元に残るかもわかる．このしくみを理解するために，表3.1 を「数学化」してみよう．

まず，1番目の税率区分から始めよう．課税所得を z，納税額を T とする．表3.1 の1行目は課税所得が $0 \sim 1{,}950{,}000$ 円（0

3.1 ▶ よいお金と悪いお金の分け方

表 3.1 国税庁の 2018 年の税率区分と納税額を，課税対象の収入範囲ごとに示した（申告者が「個人」の場合）．国税庁ホームページ（https://www.nta.go.jp/taxes/shiraberu/taxanswer/shotoku/2260.htm）より．

課税される所得金額	納税額	税率区分
195 万円以下	課税される所得金額 × 0.05	5%
195 万円を超え 330 万円以下	課税される所得金額 × 0.1 − 97,500 円	10%
330 万円を超え 695 万円以下	課税される所得金額 × 0.2 − 427,500 円	20%
6955 万円を超え 900 万円以下	課税される所得金額 × 0.23 − 636,000 円	23%
900 万円を超え 1800 万円以下	課税される所得金額 × 0.33 − 1,536,000 円	33%
1800 万円を超え 4000 万円以下	課税される所得金額 × 0.4 − 2,796,000 円	40%
4000 万円超	課税される所得金額 × 0.45 − 4,796,000 円	45%

$\leqq z \leqq 1{,}950{,}000$）の範囲にある場合，納税額 T が z の 5% ということだから，式は次のようになる．

$$T = 0.05z, \quad 0 \leqq z \leqq 1{,}950{,}000 \tag{3.2}$$

また一次関数だ！　今回の傾きは 0.05 だから，税率区分が 5% の場合，課税所得 100 円につき 5 円を納税することになる[*2]．したがって，5% の税率区分では課税所得 100 円につき 95 円だけが手元に残るということだ．

次に，課税所得が 1,950,000 〜 3,300,000 円（$1{,}950{,}000 < z \leqq 3{,}300{,}000$）の範囲にある場合を考えよう．表に書かれた税

[*2] 数学的にいえば，式 (3.2) が示しているのは，課税所得が 100 円上がるごとに納税額が 5 円増えるということだ．

率区分は 10％ だから，納税額は次のようになる（→巻末付録 3-1）．

$$T = z \times 0.1 - 97{,}500, \quad 1{,}950{,}000 < z \leq 3{,}300{,}000 \quad (3.3)$$

これは傾きが 0.1 の一次関数だから，課税所得 100 円につき 10 円が税金として差し引かれる（税率区分が 5％ の場合よりも 5 円多い）．したがって，10％ の税率区分では課税所得 100 円につき 90 円しか手元に残らないということだ．

表3.1 の行を一つひとつ数学化していくと，それぞれの税率区分に対応する一次関数が全部で七つできる．これら七つの関数を一つにまとめると，**区分線形関数**と呼ばれる関数ができる．以下のように，複数の一次(線形)関数を部分的につなぎ合わせたような関数だ．

所得税の納税額の計算

$$T = \begin{cases} 0.05z, & 1{,}000 \leq z \leq 1{,}950{,}000 \\ z \times 0.1 - 97{,}500, & 1{,}950{,}000 < z \leq 3{,}300{,}000 \\ z \times 0.2 - 427{,}500, & 3{,}300{,}000 < z \leq 6{,}950{,}000 \\ z \times 0.23 - 636{,}000, & 6{,}950{,}000 < z \leq 9{,}000{,}000 \\ z \times 0.33 - 1{,}536{,}000, & 9{,}000{,}000 < z \leq 18{,}000{,}000 \\ z \times 0.4 - 2{,}796{,}000, & 18{,}000{,}000 < z \leq 40{,}000{,}000 \\ z \times 0.45 - 4{,}796{,}000, & 40{,}000{,}000 < z \end{cases}$$

$$(3.4)$$

T は 2018 年の所得税の納税額，z は課税所得（総収入から各種の所得控除を差し引いた金額）だ．この式は申告者が「個人」の場合にあてはまる．

3.1 ▶ よいお金と悪いお金の分け方

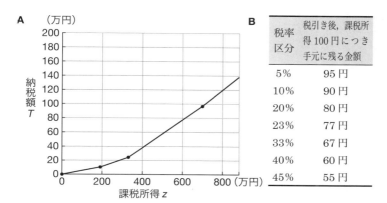

図 3.1 (A)区分線形関数(3.4)のグラフ．(B)納税額を差し引いたあと，課税所得 100 円につき手元に残る金額を税率区分ごとに示した．

式 (3.4) を実際に利用するにはまず，右辺のどの一次関数を使うべきかを特定する．それは独立変数 (この場合は z) の値から決める．たとえば，課税所得が 100 万円だったら，$z = 1{,}000{,}000$ 円は 1 番目の範囲にあるので，式(3.4)の 1 番目の一次関数を使う．

国税局の税金の表を数学化したところで，数学から何がわかるかを考えていこう．まずはこの作業を俯瞰してみよう．**図 3.1A** は関数(3.4)のグラフだ(それぞれの点は異なる一次関数の区切りを示す)．グラフの横にある表は，それぞれの税率区分で課税所得 100 円につき何円が手元に残るかを示している．

この知見を利用すれば，<u>税金や社会保険料を差し引いたあとの月々の収入</u>(手取り額，経済学者がいうところの**可処分所得**)を増やすことも可能だ．

$$可処分所得 = 総収入 - 税金・社会保険料など \quad (3.5)$$

この式を見ると，可処分所得を増やすには，総収入を増やすか

所得税を減らせばよい(あるいはその両方を実現すればよい)ことがわかる．収入を増やす簡単な方法はこの章の終わりにまとめる．ここでは，式(3.4)をじっくり調べて，そこから節税する方法(つまり手取り額を増やす方法)を導けるかどうかを探っていく．

式(3.4)の右辺をよく見てみよう．どの式も同じ変数 z（課税所得）に依存しているから，所得税を減らす最も直接的な方法は，課税所得を減らすことだ．でも，ここで課税所得が総収入から所得控除を差し引いた額だということを思い出してほしい．総収入を減らしたくはないから，残されたターゲットははっきりしている．**所得控除**だ．

所得控除は，政府が課税対象としない金額のことをいう．所得控除の種類は数多くあるが，説明を具体的にするために「基礎控除」(個人の場合，2019 年は 38 万円)だけを差し引くことにする．だから，課税所得を求める式はこうなる．

$$z = 1000x - 380{,}000 \qquad (3.6)$$

つまり，収入のうち 38 万円 (2 種類の控除の合計額) は課税対象にならないということだから，時給 1000 円で働いた場合，380 時間は所得税なしで働けるということだ[*3]．これは週におよそ 7.3 時間分に相当する．いわゆる「パート労働」の場合だ．

フルタイムで働いている人が税金を減らしたい場合，どうすればいいのか？ 控除額を増やせば，式 (3.6) の 38 万円よりも多くの額を収入から差し引けるので，所得税なしで働ける時間も長くすることができる．控除できるものはすべて控除したか，という質問が確定申告の時期に最も重要になるのはこのためだ[*4]．あ

[*3] $1000x - 380{,}000 = 0$ という方程式を解くと，$x = 380$ となって，この数字が得られる．

る種の退職金口座への預け入れや，教育ローンや住宅ローンの利息など，政府が推奨している所得控除はほかにもある．

適用可能なあらゆる所得控除と税額控除を差し引いても，払わなければならない税金はほかにもある．それらすべてを調べるとなると，なかなかたいへんだ[*5]．

さて，ちょっとひと息ついて，これまでの成果を振り返ってみたい．私たちは一つの勝利を手にした．所得税のしくみを理解するという複雑な作業をこなし，数学を利用してそれを単純にしたのだ．その過程で導き出された数式を利用すれば，収入100円につきどれぐらい手元に残るかがわかる．しかも，課税所得を求める数式についてじっくり考えることによって，納税の苦しみを和らげる方法も見つかった．ここで式(1.9)の「数学 → 自分を幸せにする力」を思い出してくれたらうれしい．まだほんの少しかじっただけではあるが，数学を使えば税金でさえも攻略できるのだということが，これではっきりしたはずだ．

税金をねじ伏せる大きな力を手に入れたところで，可処分所得について再び考えてみよう．このお金をすべて自由に使えるならそれに越したことはないが，その前に請求書など，支払わなければならないものがある．ここでもまた，数学はたくさんのことを教えてくれる．しかし，どういった知見が得られるかは経費によって異なる．ここからは経費について考えてみよう．

[*4] これに関連して，適用可能な税額控除をすべて差し引いたか，というのも重要な質問だ．所得控除は z (課税所得)を少なくするが，税額控除は T (納税額)を少なくする．だから，「税額控除を100円増やせば納税額が100円減る」と税金の専門家はいう．

[*5] のちほど，すべての税金を把握できる便利な概念を紹介する．それを使って，節税には，収入を増やすよりも経費を削減するほうが楽な理由を説明したい．

第3章 毎月の予算を分析しよう！

3.2 経費とインフレ

請求書という言葉は，この先の説明には意味が広すぎる．請求書の束を見てみると，その大部分は二つのカテゴリーに分けられることがわかってくる．**必要経費**(住宅費，食費など)と住宅ローン以外の**負債**(クレジットカードの支払いなど)だ[*6]．住宅ローン以外の負債についてはのちほど説明することにして，ここではまず，支払わなければならない必要経費に着目しよう．経費を差し引いたあとに残るお金は**裁量所得**と呼ばれる．

$$\begin{aligned}裁量所得 &= 可処分所得 - 必要経費 \\ &= 総収入 - 税金・社会保障費など - 必要経費\end{aligned} \quad (3.7)$$

裁量所得とは，自分の裁量で使えるお金のこと．家賃（または住宅ローン）や光熱費といったすべての必要経費を払ったあとに残るお金だ．

家計簿をきちんとつけていると（そうすることを強くお勧めする），自分の必要経費がだんだん上がっていることに気づくこともある．その原因の一つは，目に見えない経済の動きにある．すべてとはいわないまでも，必要経費の多くが経済情勢によって上昇し，その変化はあまりにもゆっくりなので，多くの人は気づかない．さらに悪いことに，経済の動きに身を任せると，自分の裁量所得が減ってしまうのだ．しかし，望みはある．次の二つの項では，時間をさかのぼって，経費上昇の元凶となるこの目に見えない経済の動きを解き明かし，数学を利用してその動きをどのように阻めるかを示していきたい．

[*6] ケーブルテレビや電話の料金といったほかの請求書については，のちほど触れる．

3.2.1 チーズバーガーで知るインフレの歴史

時は 1955 年．この年には，アメリカ合衆国を形づくる象徴的な出来事が数多く起こった．アラバマ州モンゴメリーでは，ローザ・パークスという勇敢なアフリカ系アメリカ人の女性が白人の乗客に席を譲るのを拒否した出来事が，公民権運動の重要な転機となった．カリフォルニア州ではミッキーマウスがディズニーランドに永遠のすみかを得たし，イリノイ州の小さな町デスプレーンズでは，レイ・クロックという男性が最初のマクドナルドをオープンした．

クロックが開いたレストランの小さなメニューには，ハンバーガー，チーズバーガー，フライドポテト，それに飲み物が載っていた．チーズバーガーの価格はなんと，19 円（税抜き）[36], *7 ！それから時計の針を一気に進めて，2015 年のチーズバーガーの価格を見てみると，自分の近所のマクドナルドでは 100 円（税抜き）．実に 426% もの価格上昇だ！（➡巻末付録 3-2） チーズバーガー自体は 1955 年のものと同じ（ハンバーグ 1 枚にチーズ，バンズ，香辛料）なのに，なぜ価格が 426% も上昇したのだろうか？

私のことをケチなやつだというのは，少し待ってほしい．1955 年以降に価格が上がったのは，マクドナルドのチーズバーガーだけではない．住宅や自動車，衣服など，ほとんどすべての商品の価格が上昇しているのだ．この現象を「経済における商品やサービスの価格水準全体の全般的な上昇」[37] と表現する人もいる．経済学者ならばそういいそうだ．これはアメリカの連邦準備銀行のウェブサイトからの引用で，いわゆる**インフレ**（物価上昇）のことをいっている．

連邦準備銀行はアメリカの中央銀行にあたり，金融システムの

---

*7 日本の読者にわかりやすいように，価格は 1 ドル = 100 円で換算した．

第3章 毎月の予算を分析しよう！

安定の維持と金融政策の決定を担っている．そのために，民間の銀行や個人の借入金にかかる短期金利を設定し，それによって経済活動でのお金の供給に影響を及ぼしている（このしくみについては次の章で詳しく解説する）．ここでは，連邦準備銀行が年間2%のインフレ率をめざしていることを知っておけば十分だ．彼らの言葉を借りると，そのインフレ率は「長い目で見ると，価格の安定と雇用の最大化という連邦準備銀行の権限と調和している」[38]．つまり，年間の物価上昇率をおよそ2%に保つことを仕事としている強力な存在が，連邦準備銀行というわけだ*8．

連邦準備銀行の同じウェブサイトには，「インフレは一つの製品やサービスの価格上昇だけでは測れない」とも書かれているのだが，とりあえずやってみよう．マクドナルドのチーズバーガーの価格が426%も上昇したという情報から，何がわかるだろうか．

公平を期するためにいうと，426%の価格上昇には60年かかった．たいていの人は，この二つの数字で割り算して，毎年の価格上昇率は $426 \div 60 \approx 7.1\%$ だというだろう．<u>だが，これは正しくない</u>．それがなぜかを探るのが，最初のレッスンだ．これがなぜ重要なのかも含めて解説してみる．

ここで，私の主張が間違っていて，チーズバーガーの価格が実際に1955年から年間7.1%の割合で上がったと考えてみよう．その場合，翌年（1956年）の価格は，19円に，19円の7.1%を足した額になる．

---

*8 「なぜ連邦準備銀行は<u>インフレ</u>にこだわるのか？ 価格が下がるデフレでは<u>ダメ</u>なのか？」という疑問を抱く人もいるだろう．いい質問だ．経済学者にとって最大の敵はデフレなのだが，その理由は次のとおり．あなたは明日値下がりするとわかっているものを今日買うだろうか？ 私なら買わない．そうなると，消費者支出が下がって大規模な企業の倒産や従業員の一時解雇が起きるのだ．

$$19 円 + (19 円)(0.071) = 19 円(1 + 0.071) = 19 円(1.071)$$

ここでは，7.1%を100で割って小数の形にしている．パーセントが関係する計算では，今後もこうした小数の形でパーセントを表していく．次に，<u>翌年の価格が，前年の価格に「1 +（年間の上昇率を小数で表した数値）」を掛けた数値になっている</u>点に着目しよう．この規則を使って，翌々年（1957年）の価格を計算するとこうなる．

$$19 円(1.071)(1.071) = 19 円(1.071)^2$$

右辺の指数「2」には二つの役割がある．1955年からの年数を示すとともに，<u>19円に1.071を掛ける回数</u>を示しているのだ．この要領で考えれば，60年後（2015年）の価格は19円に1.071を<u>60回掛けた</u>値だとわかる．

$$19 円(1.071)^{60} \approx 1164 円$$

ずいぶん高額なチーズバーガーだ！ 計算は正しいから，年間の価格上昇率7.1%が間違っているということだ．これで，商品の価格がY年間にX%上昇した場合の年間の価格上昇率はX/Y%でないことがわかった．それなら正解は何だろう？

年間の価格上昇率をxとしよう．これまでに得た知識から，「年間x%の割合で60年間かけて，価格が19円から100円に上昇した」ということを数式で示すと，次のようになる．

$$19(1 + x)^{60} = 100 \qquad (3.8)$$

この方程式を解いてxを求めると，$x \approx 2.8$%となる（➡**巻末付録3-3**）．先ほどの7.1%よりもはるかに小さい．確かに，この

期間のマクドナルドのメニューを一つひとつ調べれば，チーズバーガーの価格が毎年 2.8％ずつ上がってきたわけではないことがわかるだろう．しかし，これは数学の間違いではなく，企業がそのときどきの状況に合わせて値上げしていった結果だ．式(3.8)で算出できるのは，19 円から 100 円まで 60 年かけて均等に価格が上昇した場合の年間上昇率である．とはいえこの式は，インフレが(今回の場合)チーズバーガーの価格に及ぼした影響をおおまかに教えてくれるという点で役に立つ[*9]．

インフレはまた，住宅費や食費，光熱費といった必要経費の価格も押し上げる．残念ながら，こうした経費の価格上昇は全体的な物価の上昇よりも早いことが多い．だが，数学で税金の問題を克服できるのなら，インフレの問題も克服できるはずだ．これまで学んだ知識を生かして，インフレが必要経費に及ぼす影響の増大を抑える方法を次に考えていこう．

3.2.2 インフレという野獣を手なずける

私たちの多くにかかわる必要経費を一つ選んでみよう．それは家賃だ．持ち家の住宅ローンを抱えていて家賃を払っていない人でも，ふだん利用する店は借主に賃料を払っているはずだ．自分が払っているかどうかにかかわらず，賃料の上昇は毎月の家計に響いてくる．家賃を払った経験がある読者ならわかるだろうが，家賃は大幅に上がることがあるし，しかも上昇するときはあっという間だ．具体的なデータを見ながら，数学を利用して毎年の家賃上昇をいかに相殺できるかを紹介しよう．

[*9] 式(3.8)で算出した年間の上昇率は**年平均成長率(CAGR)**と呼ばれ(**幾何平均**や**相乗平均**ともいう)，投資で広く使われている．これについては次の章で詳しく説明する．

3.2 ▶ 経費とインフレ

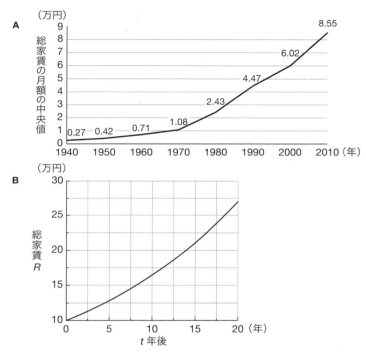

図 3.2 (A) アメリカにおける 1940 〜 2010 年までの「総家賃」(家賃プラス共益費)[39]. (B) 関数 $R = 10\,(1.05)^t$ のグラフ (ただしドルは 1 ドル = 100 円として円に変えている).

図 3.2A は，アメリカにおける賃料プラス共益費（政府がいう「総賃料」）の月額の中央値を，1940 年から 2010 年まで 10 年ごとに示したものだ[*10]. 傾向ははっきりしている．まず右肩上がりという特徴があるが，さらに重要なのは，<u>一次関数ではない</u>ということだ．では，どのような関数なのか？（図の説明文はまだ読まないで！）

[*10] これは価格の<u>中央値</u>なので，都市によっては家賃がこれより高い（あるいは低い）場合がある．

第3章 毎月の予算を分析しよう！

まず，わかっていることを整理しよう．総賃料は1940年から2010年までの70年間に，2700円から8万5500円まで上昇した．3.2.1項で学んだ式を使って，年間の上昇率を計算できるだろうか？　詳しい計算過程は付録に載せるが(➡巻末付録3-4)，答えはおよそ5%だ．なんと，連邦準備銀行が設定した2%のインフレ目標の2倍以上である．今後もこの傾向が続けば，現在からt年後の総賃料の中央値はいくらになるだろうか．

計算のしかたはこうだ．まず，住宅もチーズバーガーと同じようなものだと考えてみる．次に，式(3.8)を導いた論法を適用すると，月々の総家賃Rが10万円の住宅のt年後の総家賃を求める，このような式が得られる．

$$R = 100{,}000(1.05)^t \qquad (3.9)$$

この式は**独立変数**tが指数であることから，「指数関数」と呼ばれている．tが自然数だとすれば，$(1.05)^t$は，前に出てきた$(1.071)^{60}$と同じように解釈することができ，1.05をt回掛けると考えればよい〔たとえば，$(1.05)^3 = (1.05)(1.05)(1.05)$となる〕．式(3.9)がもつこの側面は，指数関数の特徴の一つだ．指数関数は，ある数を繰り返し掛けたときに得られる．一般的な定義を以下に示した．

指数関数とは

次のような形式の数式は「指数関数」と呼ばれる．

$$y = ab^x$$

aは**初期値**（$x = 0$のとき$y = a$となるため），bは**底**（$b > 0$かつ$b \neq 1$），xは**指数**と呼ばれる．

この定義にもとづくと,指数関数 (3.9) の初期値は $a = 1000$,底は $b = 1.05$ だ.b は1より大きいので,t が大きくなれば R も大きくなることがわかる(たとえば,アパートの月々の家賃はだんだん上がる).図3.2B に示したこの関数のグラフを見ると,実際の総家賃の変化を示した A と似ていることに気づく.

この定義を使えばまた,底 b に関してこのような解釈もできる.x の値が1単位上がると指数関数の y の値に b が掛けられる,という考え方だ(➡巻末付録 3-5).指数関数の y 値に底の値が掛けられるということから,指数関数のほうが,y 値に対して傾きの値が加減されるだけの一次関数よりも増加がはるかに大きい理由がわかる(➡巻末付録 3-6).指数関数の増加率がどれだけ大きいかを理解するために,お楽しみのボーナス問題を出そう.いま1億円もらうか,1円を毎日2倍にしていって30日後の金額を受け取るか,あなたならどちらを選ぶ?(ヒント:待てば海路の日和あり➡巻末付録 3-7)

インフレによって家賃が<u>指数関数的</u>に上昇するということが,これでわかった.ほかの必要経費にもおそらく同じ影響が見られるだろう(年間の増加率は経費によって異なるが).つまり,式 (3.7) で求めた裁量所得は指数関数的に減っていく(マジで!)ということだ.そうならないようにするには,少なくとも必要経費が増大した分だけ税引き後の収入を増やさなければならない.しかし,たいていの人にとってそれはほとんど無理な相談だ(毎年2〜5%も収入を増やすということだから).つまり結局どういうことか? だいたいの場合,同じ世帯に住むほかの誰かが仕事を見つけるか,借金に頼るかのどちらかだ.上院議員のエリザベス・ウォーレン(企業倒産や商法に詳しい学者)の著書『*The Two-Income Trap*(共働きの罠)』によると,1970 年以降,この二つ

のことが起きてきたという.ウォーレンは2007年,カリフォルニア大学バークレー校でこの発見に関する講義を行った.そのなかで彼女は,1970年以降に必要経費が増大したために,一つの世帯で2人が働かざるをえなくなったというデータを示している.さらに気になるのは,1組の夫婦が必要経費の支払いに必要な金額は,1970年には1人分の収入の50%だったが,現在では2人分の収入の75%にもなったという指摘だ! これはさっき説明した,裁量所得が減少しているという問題そのものではないか.増大する必要経費をまかなうために同じ世帯のほかの人を働きに出しているという私たちの現実を,ウォーレンは指摘しているのである.

だが,これほど強大な力をもったインフレであっても,数学にはかなわない.問題の本当の原因(必要経費の指数関数的な上昇)を把握したいま,インフレという野獣を手なずける一つの方法が見えてきた.インフレの影響を受けるすべての経費を固定費に変えるという方法だ.住宅費ならば,家賃の支払いをローンの支払いに変える(住宅を購入するなど).30年ローンの固定金利を選んだ場合,月々の支払いは<u>30年間変わらない</u>.ローンを完済すれば,それ以降,住宅費を支払わなくて済むようになる[*11].いますべきなのは,住宅ローンの支払い額を現在の家賃と同額にした場合にどんな家を買えるかを調べることだ.それができたら住宅費にのしかかるインフレの影響を除去できる.数学を使って考えてみよう.

まず必要なのは,r%の年利でL円借りた住宅ローンをn回の分割払いで返す場合に,月々の返済額Mを求める数式だ(➡巻末付録3-8).

---

*11 固定資産税などを払う必要はあるが,これについてはのちほど説明する.

3.2 ▶ 経費とインフレ

固定金利のローンの月々の返済額を計算する

$$M = \frac{Lc}{1-(1+c)^{-n}}, \quad \text{ここで } c = \frac{r}{12} \tag{3.10}$$

M は月々の返済額，L はローンの総額，r は年利（小数で表記），n は分割払いの回数．

30年ローンの場合，$n = 12 \times 30 = 360$ となる（月々の返済を360回行う）．たとえば，住宅を1000万円で購入し，年利6%の30年ローンで支払う場合，月々の返済額はおよそ6万円だ（➡ **巻末付録 3-9**）．

まず，現在の毎月の家賃がP円だとする．いくらの住宅を購入できるかを推定するため，式(3.10)で$M = P$とし，それを解いてLを求めると，次の式が得られる．

$$L = \frac{P\{1-(1+c)^{-n}\}}{c} \tag{3.11}$$

表3.2 には，現在の月々の家賃Pと，30年ローン（$n = 360$）の固定金利rのいくつかの組み合わせとともに，それらを式(3.11)に代入して得られたLの値（推定した住宅価格）を示した．金利が高いほど購入できる住宅価格は下がるのだが，とくに家賃が高い人（たとえば大都市で毎月20万円もの家賃を払っている人）には，これは朗報ではないか．家賃を住宅ローンに変えれば，最高で4750万円の住宅を購入できるのだ！

ただし注意してほしいのは，家を所有すると固定資産税など，賃貸生活のときには発生しなかった経費を支払う必要があること．その経費を計算に盛り込むと，購入できる住宅価格は **表3.2** に示した金額よりも下がる．付録に載せた情報を参考にすると，こ

表 3.2 毎月 P 円の家賃を払っている人が,固定金利 r%の 30 年ローンに切り替えた場合に購入できる推定の住宅価格.式(3.11)にもとづく.固定資産税など,そのほかの経費を求める方法については付録を参照のこと(➡巻末付録 3-10).

現在の毎月の	ローンの金利 r (%)				
家賃 P (円)	3	3.5	4	4.5	5
100,000	23,718,900	22,269,500	20,946,100	19,736,100	18,628,200
120,000	28,462,700	26,723,400	25,135,300	23,683,300	22,353,800
140,000	33,206,500	31,177,300	29,324,600	27,630,600	26,079,400
160,000	37,950,300	35,631,200	33,513,800	31,577,800	29,805,100
180,000	42,694,100	40,085,100	37,703,000	35,525,000	33,530,700
200,000	47,437,900	44,539,000	41,892,200	39,472,200	37,256,300

の計算を簡単にできるので,チェックしてほしい(➡巻末付録 3-10).

家賃を払う暮らしから住宅ローンを返済する暮らしに転換すると,家計へのメリットがほかにもあるかもしれない.家を売却したときに,利益が出ることもあるのだ!(これは賃貸生活にはないメリットだ.取り戻せるのは敷金ぐらいだから).それに,所得税の住宅ローン控除を受けられる場合もある.

住宅の購入は人生の一大イベントであり,ここで取り上げた数式は考慮すべき要素の一つでしかない[*12].しかし,なぜ住宅の購入に関する話題を取り上げたかを振り返ってみると,インフレの影響を受ける月々の経費を固定費に変えればインフレに対抗できる,ということだった.ほかの経費について同じことをしようとすると独自の工夫が必要になってくるだろうが[*13],見返りは

---

*12 nytimes.com には賃貸と持ち家のどちらがいいかを比べられる便利な計算機がある[40].これ以外にも,現在の不動産市場や購入を検討中の地域に詳しい,評判のよい公認不動産業者に相談することもお勧めだ.

*13 たとえば,食べ物の自給自足や自家発電(太陽光や風力).

大きい．この先ずっと経費を節約できるのだ．

「でも，いますぐ家を買うのは無理」という読者もいるだろう．大丈夫，家計の状態を大きく改善できる方法はほかにもある．<u>借金をなくすのだ</u>．

3.2.3 借金生活から少しでも早く抜け出す方法

2015年2月の時点で，アメリカの消費者が抱えている負債（クレジットカードのローンや学生ローン，自動車ローンを含み，住宅ローンは含まない）の総額は3兆3400億ドルにものぼる．これがどれだけべらぼうな額かをイメージするために，こんな問題を出してみよう．1ドル札を3兆3400億ドル分，地上から積み重ねていくと，どのくらいの高さになるだろうか？　答えは，<u>ほとんど月に届きそうなくらいの高さ</u>になるのだ！ [*14]　読者のみなさんの住宅ローン以外の借金は，それよりはるかに低いはずだ（と思いたい）．借金の額がいくらであるにしろ，いちばん早く借金生活から抜け出す方法を，数学にもとづいて紹介する．

まずは，負債を完済するのにかかる期間を知る必要がある．さいわいにも，式(3.10)は住宅ローンのほか，自動車ローンやクレジットカードのローンなど，毎月返済するあらゆるローンに適用できる（式のなかの L はローンの総額）．前の項では，購入できる住宅の価格を知るために L を求めたが，ここでは負債の完済までにかかる期間を知りたいので，n（月々の返済の合計回数）を求めることになる．少しだけ代数を使うと，次の式が得られる（➡ **巻末付録3-11**）．

---

*14　正確には，月までの距離のおよそ90%．

$$(1+c)^n = \frac{M}{M-Lc} \qquad (3.12)$$

n が**指数**であることに着目しよう．このため，n を求めるには，左辺で累乗と逆の操作を行う必要がある．このとき使うのが，次のような**対数**だ．

対数の定義

次のような形式の式で，

$$y = \log_b x$$

$b > 0$ かつ $b \neq 1$ であるものを**対数**といい，b は対数の**底**と呼ばれる数字を表す．$b = 10$ の場合は $\log_{10} x$ と書かず，10 を省略して $\log x$ と書く．

対数で累乗の指数を求めるには，次のように計算する（➡巻末付録 3-12）．

$$y = b^x \quad \text{ならば} \quad \frac{\log y}{\log b} \qquad (3.13)$$

たとえば，$y = 2^x$ ならば $x = \log y / \log 2$ となる．この最後の式がいわんとしているのは，指数関数 $y = 2^x$ の指数 x は，y の対数と 2 の対数の比であるということだ．

式 (3.13) の関係を式 (3.12) にあてはめると，次のようになる（➡巻末付録 3-13）．

ローン完済までの月々の支払いの回数を計算する

$$n = \frac{\log\left(\dfrac{M}{M - Lc}\right)}{\log(1 + c)}, \ \ ここで c = \frac{r}{12} \tag{3.14}$$

n はローン完済までにかかる月数，M は月々の返済額，L はローンの総額，r はローンの年利（小数の形式で示す）．

たとえば，新しいクレジットカードを手に入れ，それを使ってたっぷり買い物をしたとする．1 カ月後，10 万円の請求書が届いた（$L = 10$ 万円）．月々の返済の最低額は $M = 2000$ 円で，カードローンの年利は 12%（$c = 0.12/12 = 0.01$）．手元に 10 万円がないので，月々の返済の最低額にしてローンで払うことにする．このローンの完済までにどれくらいの期間がかかるだろうか？式(3.14)に M と c の値を代入すると，答えは 70 カ月．6 年近くもかかるということだ！

これは架空の話でしかないと思うかもしれないが，ここで使った数字はかなり現実的だ．クレジットカードでは，月々の返済の最低額がカードの未払い額の 1 〜 3% に設定されることが多く（この例では返済額 2000 円は未払い額 10 万円の 2%），クレジットカードの最近の平均的なローン金利は日本では 15 〜 18% だ．今回の教訓．最低額で返済すると，長期にわたって借金を抱えることになる[*15]．

とはいえ，式(3.14)を活用して返済を有利に進めることもできる．M が大きくなると（月々の返済額を増やすと），返済期間が

[*15] しかもこの場合，利息が最大になる．支払う利息を計算するには，返済総額から元金を引けばいい．この例では，最低額で返済し続けると，利息は $2000 \times 70 - 100{,}000 = 40{,}000$ にもなる．これは元金の 40% に相当する．

短くなる．しかも，返済額を最低額から少し上げるだけで，返済期間を大幅に短縮できるのだ．わかりやすく説明するために，先ほどあげた例を使って，式 (3.14) の M を変数のままにしてみよう．すると，カードローンの返済期間の式はこうなる．

$$n = \frac{\log\left\{\dfrac{M}{M-(100000)(0.01)}\right\}}{\log(1.01)} \approx 231\log\left(\frac{M}{M-1000}\right) \quad (3.15)$$

図 3.3A には，$M \geqq 20$ の場合のこの関数のグラフを示した[*16]．月々の返済額を最低額から 500 円増やす（この場合は 2500 円にする）だけで，返済期間は 18.4 カ月，つまりおよそ 1.5 年縮まる．しかも，支払う利息も減る．

これで，自分の借金を克服するのに使える数式を導き出せた．たとえば，自分の借金に式 (3.15) を適用して 図 3.3A のようなグラフを描けば，返済までの期間を把握（そして短縮）しやすくなる（付録には返済期間の数式をグラフ化できる無料のウェブサイトへのリンクを載せたので参考にしてほしい➡巻末付録 3-14）．そうすると，こんな質問が頭に浮かぶ．借金が複数ある場合，最初になくすべき借金はどれなのか？　その答えは数学が教えてくれる．金利が最も高い借金をまず返し，次に，2 番目に金利が高い借金を返す，といった具合だ．この方法を使えば，支払う利息の総額が最小になる（➡巻末付録 3-15）．

最後にもう一つ紹介したいのが**雪だるま式返済法**だ．住宅ロー

[*16] この式を見ると，M の値を 1000 にできないことがわかる（0 で割れないため）．これが意味するのは，もし毎月の返済額を 1000 円にすると，ローンを永遠に完済できないということだ！　さらに，負の数の対数は定義されていないため，M を 1000 より小さくすることもできない．つまり，カードローンを完済したいなら，月々の返済額を 1000 円よりも大きくしなければならない．

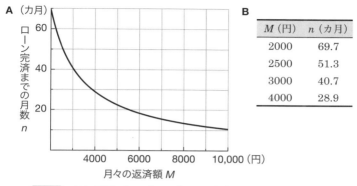

図 3.3 (A) 関数（3.15）のグラフ．(B) この関数の値の表．

ン以外のローンが複数ある場合，ローンの一つを完済したら，その支払い分を次のローンの返済額に加える．次のローンも払い終わったら，そのローンと最初のローンの支払い分を次のローンの返済額に加えていく．この方法と先ほどの「最高金利ファースト」方式を組み合わせれば，数学を駆使して借金をなくす返済プランのできあがりだ．

ローンを完済して借金生活から抜け出すと，月々の家計で自由に使える現金がたくさん出てくる．これで何かを買ってもいいのだが，それより望ましいのは貯金（あるいは，ひょっとしたら投資）することだ．投資については次の章で説明することにして，ここでは貯金にスポットをあてたい．年間の貯蓄額を増やすことが<u>経済的自由</u>への近道になることを示そう．仕事を辞めて，貯金だけで生活する日はいつ来るのか．そう，数学は人生を変えられる！

3.3 仕事を辞めたい人の金銭的心得

仕事を辞めたいと思っているのなら，<u>月々の経費</u>をまかなうほ

かの方法が必要になる．つまり，こういうことだ．

経費総額 ＝ 税金 ＋ 必要経費 ＋ 住宅ローン以外のローン返済
　　　　　＋ 任意の経費　　　　　　　　　　　　　　(3.16)

(「任意の経費」は，必ずしも必要ではなくローン返済でもない経費を表し，ケーブルテレビや電話の料金などが該当する．)

利息がつく銀行口座に預金があれば，準備は万端．でも，貯金はいくら必要？　銀行はいくらぐらい利息を払ってくれる？　ここでは，こうした疑問に答えていきたい．しかしまず，あまり知られていない事実から伝えよう．経済的自由を得たいと思ったら，収入を増やすのではなく，経費を減らすほうが早いということだ．これを説明するために，一つ思考実験をしてみよう．

1万円を貯金する場合，選択肢は二つある．経費を1万円減らすか，収入を増やすかだ．収入を増やせば，その新しい収入に対して税金を払わなければならないし，それには所得税以外の税金も含まれるだろう．納める税金の総額を知るには，前年に払った税金(所得税，住民税など)をすべて足し合わせ，その合計額を前年の年収で割る．そうして得られたパーセンテージは**合計実効税率**と呼ばれる．アメリカの市民団体「公平な税制を求める市民の会」が毎年発表している報告書『誰がアメリカで税金を払っているのか？』の2015年版によれば，年収が4万8900ドル(2015年のおよその平均年収)の申告者の合計実効税率は27%と推計されている[34],[*17]．つまり，この納税者の収入の27%が税金として納められているということだ．仮に自分の合計実効税率が27%

[*17] アメリカの税制・経済政策研究所のウェブサイトには，州ごとのデータを含め，あらゆるデータが載っている[35]．

3.3 ▶ 仕事を辞めたい人の金銭的心得

だとすれば,増えた収入 1 万円の税引き後の手取り額は 7300 円に減ってしまう.税引き後の収入を 1 万円にしようとしたら,10,000 円 ÷ 0.73 ≈ 13,700 円を稼がなければならない.これは,<u>削減する必要のある経費の額 (1 万円) より 37% も多い</u>[*18].

これで,貯金への興味が一気に高まったのではないだろうか.残念ながら,アメリカ国民の貯金の実態は目もあてられないほどひどい.2015 年 4 月の時点で,<u>個人の貯蓄率</u>(貯蓄に回している裁量所得の割合)は連邦準備銀行によると 5.6% だ.1970 年代には 11% 前後だったから,ほぼ半分に下がったことになる[*19].経済的自由をいつ手にするかは,収入をどれくらい貯金するかによっても違ってくるから,これは由々しき事態だ.数学を使って解説してみよう.

まずは前提条件の設定(なかには現実離れした条件もあるが,現実に近づくように計算を変更する方法をあとで説明する).

- 毎年同じ額(S 円)を貯金する.
- 貯金は投資に回して,年間 r% の利益を上げる.
- すでに貯金してある B 円も,同じく年間 r% の利益を得られる投資に回す(B はゼロでも可).
- 年間の経費 T 円は変わらず,現在の経費総額(式 3.16)に等しい〔金額は同じだが,(式 3.16)の各項目の割合は変わる可能性がある〕.
- 売却できる資産(住宅や車)はなく,将来見込まれる収入(退職金や社会保障)もない.

[*18] あとはその 1 万円に課される税金を払わないようにするしかない.
[*19] ウォーレン議員のデータが暗に示しているように,貯蓄率の低下は必要経費に対するインフレ効果が原因とも考えられる.すべてがつながっているのだ!

第3章 毎月の予算を分析しよう！

以上が，経済的自由を得られる時期を計算するのに必要な情報だ．数式は複雑なので，まずは言葉で説明しよう．

最初に，年利r％で毎年S円を貯蓄した場合のt年後の残高を計算する．次に，年利r％でもともと預けていたB円のt年後の残高を計算する．これら二つを合わせたのが，t年後の貯金の残高だ．これをNtとする．引退生活を計画する際には，貯蓄からの毎年の引き出し額を貯蓄額の4％以内に収めるのが経験則だ[*20]．つまり，毎年の経費T円をまかなうのに毎年$0.04Nt$円を使うということになる．ここでは，$0.04Nt$をTと等しいと考えて，tを求めよう（➡巻末付録3-16）．これで，経済的自由までにかかる年数がわかる．

経済的自由を得るまでの年数を計算する

$$t = \frac{\log\left(\dfrac{25r + \text{STE}}{\text{STE} + \dfrac{Br}{t}}\right)}{\log(1+r)} \quad (3.17)$$

tは経済的自由を得るまでの年数．STE＝S/Tは貯蓄と経費の比率（年間の貯蓄額Sを年間経費の総額Tで割った数），Bは現在の預金残高，rは投資のリターン（収益率）を小数で表したもの．

これまで紹介したなかで，最もおどろおどろしい数式かもしれない．だが，「すべてを統べる数式」を紹介すると最初に約束したとおり，これこそがあなたの人生を一変させる力をもち，その称号にふさわしい数式だ．

[*20] これを裏づける研究があるが，インフレと株式市場の変動を考慮に入れると，この数字は変わる可能性がある．ニューヨークタイムズ紙は最近，4％ルールの歴史とその代替案を解説する記事を載せた[41]．

3.3 ▶ 仕事を辞めたい人の金銭的心得

さっそく，式(3.17)に隠れた数多くの知見をひもといてみよう．

まず頭に入れておいてほしいのは，**貯蓄と経費の比率** STE = S/T は連邦準備銀行が記録している「個人の貯蓄率」ではないということだ．これは単に，年間の預金額を年間の経費で割った数である．STE について理解しやすいように，例を二つあげよう．

- 今年 10 万円を貯金して，100 万円使った場合，STE = $100{,}000/1{,}000{,}000 = 0.1$ となる．
- 今年 80 万円を貯金して，20 万円しか使わなかった場合，STE = $800{,}000/200{,}000 = 4$ となる．

STE の値が 1 より小さい場合，経費が貯蓄額を上回り，STE の値が 1 より大きい場合は，貯蓄額が経費を上回るということだ[*21]．

年間の STE の比率がどれだけ重要かを理解するには，t の値（経済的自由を得るまでの年数）を下げてみるのがよい．式(3.17)で $B = 0$ の場合（いまの貯金がゼロの場合）を考えてみよう．式(3.17)はこうなる．

$$t = \frac{\log\left(\dfrac{25r}{\mathrm{STE}} + 1\right)}{\log(1 + r)} \qquad (3.18)$$

表3.3 には，STE と r のさまざまな組み合わせに応じた t の値を示した．ここから得られる大きな知見は二つあるが，それに触れる前にまず，年間の最大のリターンを 6% とした理由を説明しておく．これは，株式市場に長期的に投資した場合に期待でき

[*21] STE は総収入に対する貯蓄額のパーセンテージとしても表現できる（巻末付録 3-17 を参照）．

る，インフレ後のおよそのリターンだからだ（なぜそうなのかは次の章で説明する）．それでは，表から知見を読み取ってみよう．

- **経費が預金額の 10 倍以上あると，死ぬまで働き続けることになりそうだ．** 表の 1 行目を見ると，STE が最大の 0.10 の場合，リターンが 6% であっても，経費を貯金でまかなえるようになるには 48 年もかかる．
- **STE の比率を少し改善するだけで，大きな効果が見込める．** たとえば STE を 0.10 から 0.25 にすると，経済的自由を得るまでの年数はリターンにかかわらず縮まり，最低でも 15 年は短縮される！
- **経費の分だけ貯金すれば，リターンの違いはそれほど大きく影響しない．** STE が 1 以上の場合だ（表の下 5 行）．リターンが上がっても，経済的自由を得るまでの年数はそれほど縮まらないことがわかる．STE が 1 であっても，リターンが 2% と 6% の場合の差はたった 4 年しかない．低リターンの投資のほうが高リターンの投資よりも概してリスクが小さいから，経済的自由までの年数を縮めるには，投資よりも経費節減に注力すべきであることがわかる．

これらの知見から，経済的自由を得る最短の道は STE の比率を高めることだとわかる．

表3.3 のもとにしたのは，式(3.17)を簡略化した式(3.18)だ．すでに貯金がある場合，経済的自由までの年数は 表3.3 に示した数字よりも短くなる．さらに，最後の前提条件にあてはまらない(財産やほかの貯蓄がある)場合も，経済的自由までの年数は短くなる．最後に，経済的自由までの年数の計算を年末ごとに計算し直すのもいい．そのとき，B の値として年末の時点での貯蓄額

3.3 ▶ 仕事を辞めたい人の金銭的心得

表3.3 年間の貯蓄額と経費の比率，および投資の年間リターンに応じた，経済的自由までの年数．値は四捨五入している．

貯蓄額と経費の比率	投資の年間リターン(%)				
	2	3	4	5	6
0.01	90	72	61	53	48
0.25	55	47	41	37	33
0.5	35	31	28	26	24
0.75	26	24	22	20	19
1	20	19	18	17	16
2	11.3	10.8	10.3	9.9	9.6
3	7.8	7.6	7.3	7.1	6.9
5	4.81	4.73	4.65	4.57	4.50
10	2.48	2.45	2.43	2.41	2.40

を使う（これは「毎年の貯蓄額が一定」という前提条件に対処する方法の一つだ）．経済的自由までの年数を毎年把握すると，STEの割合を増やす意欲を持続できる．

経済的自由について考えるといつも，もう一人の自分が「もう，一生働くことにするよ」というのが聞こえてくる．でも，式 (3.17) を改めて見ると，数学には人生をよい方向に変える力があるのだと気づかされる．これは式 (1.9) の「数学 → 自分を幸せにする力」だ．第Ⅰ部で取り上げた数式は，健康と長生きに役立つ食事をとるように導いてくれた．この章の式 (3.17) は，人生の新たなステージに到達するための道筋を教えてくれる．それは，どこで何年働くかということではなく，お金を稼ぐ心配をせずに自分にとって最も大切なことを自由に行えるというステージだ．これらすべてに役立つなんて，数学はやっぱりすごいと思う．

とはいえまず，式 (3.17) からわかるのは，STE の比率を上げなければならないということだ．この点は，本章では取り上げて

第3章 毎月の予算を分析しよう！

いないけれども，節税やインフレ対策，借金解消に役立つ数学的な手法を自分の状況に応用することが，STEの比率を上げ，経済的自由までの年数を縮めることに役立てばいいと，私は願っている．貯蓄を投資に回そうと思っている人がいるなら，期待できる長期的なリターンとして6％が最も妥当であるという理由を私は説明しなければならない．もう一つ，甘い誘いの言葉を付け加えておくなら，損失のリスクを大幅に下げる分散投資の手法も説明する．その手法は，発生した損失を広げないようにするためでもある．個人の家計をめぐる旅の終着点として，投資の世界へと足を踏み入れてみよう．

第3章のまとめ

数学のお持ち帰り

- **区分線形関数**は区間によって直線の傾きが異なる関数である．
- **指数関数**は，ある数量が単位期間（年や日）でx％増加（または減少）するときに使われる．増加する指数関数のグラフは上向きの曲線で，yの値の増加率は一次関数よりもはるかに大きい．
- **対数関数**は，指数関数にかかわる数式で指数を求める場合に使われる．式(3.13)を参照．
- 指数関数と同じく，対数関数も**底**によって定義される．対数のなかでも底が10の常用対数は使用頻度が高く，単に$\log x$と表記される．

第 3 章のまとめ

数学以外のお持ち帰り

- **所得税**の額は，課税対象の所得額，個人として申告するかどうか，税率区分によって異なる．税引き後，課税対象の所得のうち何割が残るかは税率区分によって決まる（図 3.1B 参照）．
- **控除額**が上がれば，所得税の額は税率区分に応じて下がる．一方，税額控除が 100 円上がると，所得税の額は 100 円下がる．
- **合計実効税率**（納税額に対する総収入の割合）から，納税後の手取り額がわかる．
- 必要経費の多くは，**インフレ**（経済における全体的な物価上昇）によって年々上昇する可能性がある．インフレに対処するには，家賃を住宅ローンに変えるなど，インフレの影響を受ける経費を固定の経費に変えるのが一案だ．
- ローンなどの負債の月々の返済額を少し増やすだけで，完済する時期を年単位とはいわないまでも，月単位で短縮できる．
- 金利が異なる複数のローンを抱えている場合，金利が最も高いローンを最初に完済すると，支払う利息の総額が最低になる．
- ローンを完済して自由に使えるようになったお金を，ほかのローンの返済に充てる（雪だるま式返済法）．
- 貯蓄額を増やすには，収入を増やすよりも経費を削減するほうがよい．収入は所得税の対象となる．
- 年間の貯蓄額と経費の比率（**STE**）を上げることで，経済的自由を得るまでの年数が短くなる．
- STE の比率が上がるほど，投資による収益の影響は小さくなる．

お役立ち情報

- 日々の支出を記録しよう．自分がお金を何に使ったのかを把握することが，家計をやりくりする最初のステップだ．紙と鉛筆を使ってもいいが，エクセルなどのスプレッドシートや，家計簿アプリ，ウェブの家計簿サービスを使うこともできる．
- クレジットカードを活用しよう．手軽に小遣い稼ぎができる．たいていのカードは，ほとんどすべての買い物に対してポイント還元やキャッシュバックなどの特典がある．

第4章
投資で一発当てたい！

　私が投資の世界を最初に知ったのは，大学生のときだった．同じ階に住むネイサンという友人がいたのだが，ある日，彼の部屋の前を通りかかると，開いていたドアからコンピューターの画面が目に入った．緑や赤のボックスがいたるところで点滅していて，「いったい何をしているんだい？」とネイサンに聞いたのを覚えている．彼は自分の投資の価値が変動しているのをじっと見ていたのだ．緑の点滅は儲かったこと，赤の点滅は損失を示している．その週は10万円以上勝っていて，投資を始めるのは簡単だと，ネイサンは教えてくれた．

　そのあと何日も経たないうちに，私は思いきって投資の口座を開いてみた．しかし，何に投資すべきかがわからなかったので，とりあえずインテルの株式を買った．多くのコンピューターに搭載されているCPUのメーカーだ．何日かして儲けが1万5000円にもなったが（やったー！），数週間後には1万5000円の損失に転じていた（ヤバイ！）．「株価が上がるのを待つべきか，それとも，この時点で損失を確定すべきか？」　そうやって考えあぐねているうちに，株価はどんどん下がっていった．損失が2万円を超えたところで，私は手を引いた．投資は失敗に終わった．

第4章 投資で一発当てたい！

　投資で損失が出るおそれがあることを，ネイサンは教えてくれなかった．損する可能性を理解したうえで始めるべきだったのだろうが，「簡単に儲かる」という考えに酔っていたのだろう．確かに，口座を開くときに同意した文書にちゃんと目を通してみると，「投資には元本割れなどのリスクがあります」という一節がいたるところに入っていた．

　それ以降，私はさまざまな教訓を得た（同意が必要な文書はよく読んだうえで同意すべき，など）．投資とギャンブルにはたくさんの共通点がある，というのもその一つだ．どちらも，苦労して稼いだお金を投じて，お金を儲けようと行う．しかし，そのしくみや成功する確率などについてよく知らないと，単なる運任せになってしまう．さいわい，投資を行う際には数学の助けを借りることができる．

　この章では，投資に関して数学から得られるさまざまな知見を解説していく．リスクの度合いに応じた投資の種類を紹介するほか，数学を活用してそのリスクをどのように数値化していくかを説明する．さらにもっと数学を活用して，1987年以降の年間の平均リターン（収益率）が10.2%になる単純なポートフォリオ[*1]も披露したい．これは，それ以降の任意の5年間かそれ以上にわたって投資を保持した場合に，リターンがプラスになるものだ！　さらに，1926年以降，景気の変動に関係なく，インフレを加味した年間の平均リターンがおよそ6%になるポートフォリオも紹介しよう！

[*1] 資産の複数の金融商品への分散投資，または株式をはじめとする各種有価証券の組み合わせ．

4.1 年間 15%の収益を出すには

まず，リスクがゼロで最高 15%の年間リターンを可能にする方法を紹介したい．住宅ローン以外の借金を完済することだ．

え，どうして注目の株式を教えてくれないのかって？ 考えてみてほしい．リスクが最も小さい投資の年間のリターンはたった 1 〜 3%だし（これについてはのちほど触れる），そうした投資の多くでは何年か先にならないと投資した資金を使えず，満期になる前に資金を引き上げようとすると「中途解約」の違約金を払わなければならないので，リターンが減ってしまう．それと，税金のことも忘れないでほしい．投資で儲けると，その分だけ収入が増え，納めなければならない税金も増えて，実質的にリターンが少なくなるのだ．

一方，借金を完済すれば，利息を払わなくてすむ．借金を投資に見立ててみよう．支払わずにすんだ利息は，投資のリターンに相当すると考えることができる．利息を節約すればするほど投資利益率（ROI）は上がる．しかも，そうやって"儲けた"お金に税金はかからず，必ず儲かるうえ，毎月の支払額を決めるのは自分なので，「投資」している資金を管理しやすいのだ．だから，投資を始める前に，借金を完済しておこう！

ただし，借金の完済よりも投資のほうが理にかなっているシナリオが一つある．借金を返すためのお金を投資に回したほうがいいのは，大ざっぱにいうと次のような場合だ．

$$投資のリターン \geqq 1.2 \times 借金の年利$$

（この式をどのように導いたかは付録を参照➡巻末付録 4-1）

たとえば，クレジットカードのローンを抱えていて，その年利

が15%だとする．この場合，リターンが18%（1.2 × 15）以上の安全な投資手法を見つけない限り，そのお金をすべて使って借金を完済したほうがよいということだ．とはいえ，たとえ前述の条件にあてはまる投資手法があったとしても，投資資金を借金返済に回すべき大きな理由が二つある．

- **借金を返すのは投資よりも簡単**．リスクはないし，リターンに税金がかからないうえ，投資のためにわざわざ口座を開く必要もない．
- **投資家に勝つには，彼らの得意分野で勝負しないのも一案だ**．投資には元本割れのリスクがあるという警告を思い出そう．一方，借金を返すときには元本割れの心配はない．1回返済するたびに借金の残高は減るし，実質的にお金を儲けていることになるからだ！

リスクフリーの投資法を紹介したところで，ここからはリスクを少しずつ上げて，従来の投資手法について考えていこう．

4.2 最も安全な投資

リターンを得る最も伝統的な方法は，銀行や信用組合に預金の口座を開くことだ．これが安全なのは，ほとんどすべての銀行や信用組合が預金保険を備えているからである（自分が口座を開いた銀行や信用組合にそうした保護がなければ，すぐに預金を引き上げよう！）．これはつまり，たとえ銀行や信用組合が倒産しても，アメリカでは銀行口座の残高のうち10万〜25万ドルは保証されるということだ[*2]．しかし，この「元本保証」には短所がある．得られるリターンが少ないのだ．

---

*2 預金保険は口座ごとに適用される．

銀行や信用組合は，連邦準備銀行が設定する**公定歩合**にもとづいて預金の利息を決めることが多い．公定歩合とは「連邦準備銀行が地域の貸出機関から商業銀行などの預金金融機関に資金を貸し出すときの金利」[42]のことをいう．これはつまり，アメリカの中央銀行にあたる連邦準備銀行が銀行にお金を貸すときの金利だ．執筆時点での公定歩合は 0.75％だから，一般の人が銀行にお金を預けるとき（普通預金などの口座を開いたとき）銀行は預金の金利を 0.75％より大きく設定するわけにはいかない（銀行は連邦準備銀行からお金を借りるときに 0.75％分の利息を払わなければならないので）．アメリカの預金金融機関が従来の預金口座に対して設定している現在の金利が 0.06 〜 0.79％の範囲にあるのは，このためだ[43], *3．

預金金利は常に低かったわけではない．**図 4.1** を見ればそれが少しわかる．実線で描かれた公定歩合の変動から，最近では 2007 年に，預金で最高 6％の金利を得られていたと推測できる．その後，2008 〜 2009 年に世界的な景気後退が訪れると（**図 4.1** のグレーの領域），公定歩合は急落し，2010 年以降およそ 0.75％で横ばいになっている．実際，ほかの景気後退期も含めて，一つの全体的な傾向がありそうだ．上昇傾向にあった公定歩合が，景気後退期を境に下落に転じている．公定歩合の意味するところを考慮して言い換えると，経済について注目すべき事実が浮かび上がってくる．景気後退期とそれ以降に，連邦準備銀行は銀行が資金を借りやすくしているということだ．景気後退が終わって，経済が回復し始めると，連邦準備銀行は公定歩合を上げて銀行がお

---

*3 最高の金利を得るには，定期預金を選ばなければならない．これはつまり，自分のお金を銀行に一定期間貸すということで，満期になるとそのあいだの利息とともに元本が返ってくる（中途解約の違約金を払えば，途中で資金を引き出すことができる）．

第4章 投資で一発当てたい！

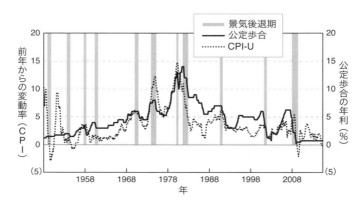

図 4.1　1948年以降のアメリカの公定歩合（実線）と，都市部の全消費者を対象とした消費者物価指数（CPI-U）の前年からの変動率．影をつけた領域は景気後退期を指す．データは Federal Reserve Bank of St. Louis より．

金を借りるコストを上げている（前章の 3.2.1 項で，連邦準備銀行は経済におけるお金の供給に影響を及ぼしていると書いたが，そのしくみがこれでわかっただろう）．

図 4.1 で，公定歩合が最高で 14％まで上がった時期があるのに気づいただろうか．「こんなに大きなリターンが得られるうえに，元本保証だって？　貯金する！」と思った人もいるだろうが，ちょっと待って．インフレが大きく進んでいる時期にリターンが大きくても，いいことは何もない．リターンはインフレ率に応じて目減りしてしまうからだ．経済の専門家はインフレの指標として**消費者物価指数（CPI）**を使うのを好んでいて[*4]，図 4.1 に破線で示したように，インフレ率はたいてい公定歩合の少し下を推移している．つまり，従来の預金における最高のリターンでも，せ

---

*4　これは，家族や個人を対象に合計経費に関して調べた大規模な調査の結果にもとづいている[44]．

いぜいインフレ率を数ポイント上回るだけということだ．しかも，実質的なリターンがマイナスになる時期もある．この時期に従来の預金で資産を運用している人は，お金を失っていることになるのだ（預金に対する利息は得られるが，「経済における全体的な商品やサービス」の価格上昇を相殺するには足りない）．従来の預金の実質的なリターンが低い（そして時にマイナスになる）ことから，投資家のウォーレン・バフェット（執筆時点で世界第3位の大富豪）は従来の預金は「最も危険な資産」であるとし，「前世紀を通じて多くの国で投資家の購買力を著しく損なってきた」と指摘している[45]．ここで知識のお持ち帰り．従来の預金（普通預金や定期預金）で実質的なリターンに対して過度な期待を抱かないこと（プラスのリターンを得ようとも思わないこと）．これらがリスクフリーの投資だと考えると，がっかりさせられる現実だ[*5]．もし<u>本当に実質的なリターンを得たいと思ったら，リスクを上げる必要がある</u>．元本保証を手放すことになるが，次に説明するように，数学を活用すればお金を失うリスクをコントロールできるのだ．

4.3 投資のリスクとリターンを数値化する

こんな場面を考えてみよう．スモールビルという町のリターン・ストリートでは毎年，2人の小さな起業家が売り上げを競っている．コーヒーを売るのは，サッカーをする9歳のクロエ．一方，クロエと道を挟んで向かいの道端でアイスクリームを売るのは，切手収集が趣味の10歳のイアンだ．図4.2には，これら2人の若き起業家の過去5年の年間リターンを示した[*6]．

---

*5 預金保険の運用機関が債務超過に陥る危険は常にあるので，厳密には多少のリスクがある．
*6 クロエとイアンのリターンを求める際，1年間の収入の合計をその年の支出の合計で割り，その答えから1を引いた．

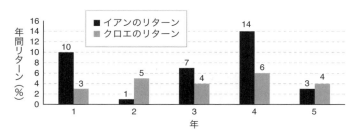

図 4.2　クロエのコーヒーとイアンのアイスクリームに関する，過去 5 年の年間リターン．棒グラフの上の数字はその年のリターンを示す．

クロエのリターンには，あまりばらつきがないように見える（人は常にコーヒーを求める）．しかし，イアンの売り上げは夏がどれだけ暑いかによって異なり，リターンの変動が大きい．ここでは，投資のリスクを示す具体的な定義としてこの事例を利用しよう．このリスクは年間リターンの「ボラティリティ」(**変動性**)と呼ばれる（毎年低いリスクで同じ額のリターンを得られる投資を検討したいかどうか，ということ）．現時点の情報で，あなたならどちらのビジネスに投資する？

どちらの事業に投資するにしても，そのリスクを適切に評価するには，図 4.2 を見た目で判断するのではなく，ボラティリティを数値で表す手法が必要だ．クロエのリターンの変動が小さく見える理由の一つとして，リターンが毎年ほぼ同じ（平均でだいたい 4%）であることがあげられる．1 年目と 2 年目，4 年目のリターンは平均の 4% からそれほど離れていない．

なるほど！　ボラティリティの指標としては，平均リターンからの偏差を使うのがよさそうだ．統計学者はこの概念を**標準偏差**と呼んでいる．図 4.2 に示したリターンの標準偏差を計算するには，次の手順を行う．

4.3 ▶ 投資のリスクとリターンを数値化する

1. まず平均を求める．イアンの場合は 7%，クロエの場合は 4.4% だ．
2. 次に，各年のデータから平均値を引き，その答えを 2 乗する．そして，それらすべてを足し合わせる．クロエのリターンを例にとると，結果はこうなる．

$$(3 - 4.4)^2 + (5 - 4.4)^2 + (4 - 4.4)^2 \\ + (6 - 4.4)^2 + (4 - 4.4)^2 = 5.2$$

3. 最後に，この結果を，データ数から 1 を引いた数で割り，その平方根を求める．クロエの場合，4（データ数の 5 から 1 を引く）で割って，その平方根を求めると，答えは 1.14 となる．

標準偏差はギリシャ文字の σ（シグマ）を使って表す．クロエの標準偏差は $\sigma_{クロエ} = 1.14$．同様にイアンの標準偏差 $\sigma_{イアン}$ を計算すると，5.24 となる．したがって，イアンのリターンはクロエよりも確かにボラティリティが大きい（標準偏差にもとづくとおよそ 4.6 倍大きい）．言い換えると，イアンの年間リターンは平均値からの偏差がクロエよりもはるかに大きい，ということになる．これでクロエとイアンの対戦は，1 対 0 だ．

「でも，イアンのほうがリターンの平均値が高いから，おそらく 5 年間の稼ぎも多そうだ」と考える読者もいるだろう．確かにそのとおり．5 年間のリターンの合計を求めてみよう．

1. それぞれのリターンを小数の形に変換し，1 を加えてから，掛け合わせる．クロエの場合，事業の稼ぎはこうなる．

$$1.03 \times 1.05 \times 1.04 \times 1.06 \times 1.04 \approx 1.24$$

2. 次に，1を引いて，100を掛ける．その答えが，投資した期間の合計リターンだ．

クロエの合計リターンは24%だが，イアンはおよそ40%の合計リターンを達成した．確かにクロエよりも稼ぎは多い．2人の対戦は1対1になった．

これで，投資のリスク（標準偏差を使用）と報酬（リターンの平均値か合計を使用）を数値化することができた[*7]．イアンの場合，リスクが高く（$\sigma_{イアン} = 5.24$）かつ報酬が高い（リターンの平均値が7%）．一方クロエの場合，リスクが低く（$\sigma_{クロエ} = 1.14$）かつ報酬が低い（リターンの平均値が4.4%）．このリスクと報酬の関係は投資の一般的な特徴で，リスクを上げてもいいと考えれば，得られるリターンも高くなると期待できる．とはいえ，リスクを上げることで，手にする報酬がどれくらい増えるのだろうか？

ここで役に立つ概念の一つに，リスクと報酬の比率（**RR比**）がある．

$$\mathrm{RR} = \frac{投資の平均リターン}{投資の標準偏差} \quad (4.1)$$

これを見て，2.2節のエネルギー密度の概念を思い出してくれたらうれしい．これもまた栄養とお金が似ている点だ．表4.1はイアンとクロエのリターンのRR比など，これまでに求めた数値をまとめたものだ．

イアンの事業のRR比が1.36ということは，1単位のリスクをおかして得られる年間リターンが1.36%しかないということ

[*7] リスクと報酬の指標はほかにもあるが，ここで紹介したのは最も広く知られている指標だ．

4.3 ▶ 投資のリスクとリターンを数値化する

表 4.1 図 4.2 に示したリターンに関する平均リターン，標準偏差，リスクと報酬の比率（RR 比）．

特徴	投資	
	イアン	クロエ
平均リターン(%)	7	4.4
σ	5.24	1.14
RR 比	1.36	3.86

だ．一方，クロエの場合は，1 単位のリスクをおかして 3.86％の年間リターンを得られる．つまり，同じ大きさのリスクをおかした場合，クロエの事業のほうがイアンよりもリターンが大きいということだ．クロエの事業に投資したほうが「見返りが大きい」ことになる．「でも，クロエのリターンはイアンのほぼ半分しかないじゃない！」と思う読者もいるだろう．確かにそうなのだが，イアンのリターンはボラティリティも大きいのだ．結論は，両者引き分け．どちらが勝者ともいえない．

こう考えてみるのもよい．どちらの事業にもメリットがあるのだから，両方に投資するのだ！ 数学を活用して，一度に二つのことをやってみよう．両方の事業に投資するポートフォリオをつくり，ボラティリティを抑える．その方法はこうだ．

イアンの事業に私の資金の x％を，クロエの事業に $(100-x)$％を投資するとしよう．また，毎年ポートフォリオのリバランス（割合の調整）を実施する．年末になるたびに，投資全体に占めるイアンの事業への割り当てが x％になるように売買するのだ．リバランスは次の二つの理由で重要である．一つは，ポートフォリオをリバランスしないと，時間が経つにつれて，リスクが高いほうの構成要素がポートフォリオのなかで占める割合が大きくなってしまうことがある点．もう一つは，リバランスによって「安いと

きに買って高いときに売る」という，投資で最も基本的なルールを着実に実行できる点だ[*8]．「イアンとクロエ」のポートフォリオで，リスクと報酬に関する数式は次のとおり．

$$\text{平均リターン} = 0.026x + 4.4,$$
$$\sigma = 0.043x + 0.78 \qquad (4.2)$$

また一次関数！　ただし，この場合は私がそのように式をつくったから線形になっただけだ．スプレッドシートを使って，xを0%から100%まで変えながらさまざまなシナリオを検討し，そのデータを一次関数にあてはめた（だから，上の例では$x = 0$や$x = 100$のときに標準偏差が 表4.1 に示した値と異なる）．でも信じてほしいのだが，式(4.2)はxの値が0〜100までのポートフォリオのリスクと報酬の性質をおおまかに示した好例だ．

式(4.2)は一次関数なので，第1章に書いた傾きの解釈を適用すれば，ポートフォリオでイアンの事業への割り当てが1%増えるたびに，平均リターンは0.026%，ボラティリティは0.043上がることがわかる〔ボラティリティの増加はリターンの増加よりも大きいので，xの値が高くなるほど，リスクと報酬の比率（RR比）は下がる〕．したがって，標準偏差σをボラティリティの最大の閾値に設定してxの値を求めれば，所定のリスクの大きさでポートフォリオを構築できる．次に，この手法を使って，本章の冒頭で触れたポートフォリオを構築してみよう．

4.4 どんな景気でも損失を出さない投資

ここで紹介するポートフォリオでは，株式と債券に投資する[*9]．

[*8] リバランスのほかの方法については文献[46]を参照．

4.4 ▶ どんな景気でも損失を出さない投資

もっと具体的にいうと,投資に使うのは**上場投資信託**(ETF)と呼ばれるものだ.ETF では(投資信託と同じように)たいてい複数の有価証券に同時に投資するので,購入するだけで**分散投資**が可能になり,ETF に組み込まれている一つの株式が大きく値下がりしたときにも,ポートフォリオへの影響を小さくできる[*10].また,株式市場が開いているときならいつでも取引できるのもETF の利点で,投資信託(市場が閉まったあとにだけ取引が実行される)とは違って,保有している分を好きなときに売却できる柔軟性が ETF にはある.

以上,予備知識を仕入れたところで,"全天候型"ポートフォリオ(景気の後退期も拡大期もまずまずの運用成績をあげるポートフォリオ)に含める二つの要素を紹介しよう.

- **S&P 500 に投資する ETF**. S&P 500 とは,アメリカの上場企業の上位 500 社で構成される株価指数だ.S&P 500 指数にほぼ連動したリターンを出す ETF では,ステート・ストリート社の SPY とバンガード社の VOO がよく知られる.
- **長期国債に投資する ETF**. 人気が高いのは,バンガード社の VGLT と i シェアーズ米国国債 20 年超 ETF(TLT)だ.これらは,現在から 10 年(後者は 20 年)以上あとに満期を迎えるアメリカ財務省発行の債券の指数に連動する.

S&P 500 に連動する ETF を保有すれば株式の分散投資が可

---

*9 株式についてはよく知っていても,債券については知らないという読者もいるだろう.巻末付録 4-2 で株式や債券とは何かを(そして,このあと触れるほかの用語についても)解説しているので,そちらも参考にしてほしい.
*10 ETF での投資にはほかのリスクもある.大きな問題の一つは,ETF を発行している企業が倒産するリスクが常にあるというものだ.どの ETF にも,それに投資するうえでの全体的なリスクを説明した目論見書がある.私見ではあるが,苦労して稼いだお金を他人に預ける前に,目論見書を必ず読んでおきたい.

能になり，国債に連動する ETF を保有すればデフォルト（債務不履行）のリスクが低い債券に投資できる．また，株価が下がったときには債券価格が上がる傾向があるので，不景気の年（2008年など）に出た株式の損失を，ポートフォリオに含まれている債券が相殺してくれるはずだ．最後に，毎年ポートフォリオを（4.3節でやったように）リバランスして株式の割合を x％に保つとする．1987 年（この年を選んだ理由はあとで説明する）からこの単純なポートフォリオで運用した場合の成績はどうか？　驚くほど上々だ．詳細は 表4.2 に示したが，以下に要点を述べる．

- 表の1行目は長期国債の ETF だけで運用した結果だ（株式の割合が0％だから）．平均の年間リターンが9％というのは上々だし，1987年1月1日〜2014年6月15日の任意の1年間の最大損失が13.4％というのもまずまずだ．しかし，RR 比がほかよりも低いのが気になる．ここで知識のお持ち帰り．ポートフォリオに株式を加えることで，1単位のリスクにつき得られる報酬が増える．

- とはいえ，株式の割合を100％にするのが最良というわけではない．表の最終行の数字を見てほしい．確かに，年間リターンの平均値(11.7％)はほかよりもはるかに高いが，ボラティリティも大幅に高く，年間の最大損失は43.3％にもなる（かなりまずい！）．それに，RR 比 (0.66) は債券100％のポートフォリオよりも低い．

- ここでもう一度，RR 比を上から下までじっくり見てみよう．x の値がおよそ40％までは，RR 比が上がっている[*11]．これは，債券と株式の割合が60対40という典型的なポート

[*11] これは四捨五入した数字．RR 比が最大になるのは $x = 38$％のときだ．

4.4 ≫ どんな景気でも損失を出さない投資

表 4.2 S&P 500 ETF の割合を x%，残りを長期国債の ETF に割り当てた場合のポートフォリオ．リバランスを毎年実施することが前提だ．いちばん右の列は，1987 年 1 月 1 日～2014 年 6 月 15 日の任意の 1 年間で発生した最大の損失を示す．計算のもとにしたのは，Yahoo！ファイナンスに載っている VFINX と VUSTX（二つともバンガード社のファンドで，それぞれ S&P 500 と長期国債の動きにきわめて近い変動をする）のデータだ．

S&P 500 ETF の割合 (%)	ポートフォリオの統計値			
	年間リターンの平均値(%)	σ	RR 比	年間の最大損失(%)
0	8.8	11.6	0.75	13.4
10	9.1	10.3	0.88	10.3
20	9.3	9.3	1	8.1
30	9.6	8.8	1.09	8.4
40	9.9	8.9	1.11	12.5
50	10.2	9.6	1.06	17.5
60	10.5	10.7	0.98	22.6
70	10.8	12.2	0.89	27.8
80	11.1	13.9	0.80	32.9
90	11.4	15.7	0.73	38.1
100	11.7	17.7	0.66	43.3

フォリオだ．株式の割合を 40% より大きくしてもリターンは増えるが，ボラティリティもまた大きくなる．しかも，年間の最大損失も許容しがたいほど高くなる．

- 次に示すのは，それぞれのポートフォリオのリスクと報酬を表す x の一次（および二次！）関数だ（**表 4.2** のデータに最もよく適合する関数）．

リターンの平均値 $= 0.023x + 8.76,$
$$\sigma = 0.002x^2 - 0.14x + 11.35,$$

年間の最大損失 $= 0.012x^2 - 0.51x + 13.65$　　　(4.3)

　これらの関数は 表4.2 のデータにはよく適合しているのだが，告白すると，最後の関数(「年間の最大損失」関数)では $x = 50$ までのデータしか使っていない．私は年間の最大損失を 20％未満に抑えたいからだ．この新しい関数には特筆すべき特徴が二つある．一つは，許容できる年間の最大損失にもとづいて株式の割合 x を決められる点．もう一つは，二次関数であることから，通常，年間の最大損失の特定の値について x の値が二つ得られ，年間の最大損失を制限しながらリターンが高いほうの x の値を選べる点だ．たとえば，1年に 10％を超える損失を出したくない場合，年間の最大損失の関数に 10 を設定して x を求める．答えは $x \approx 9.1$ と $x \approx 33.3$ だ．表4.2 を見ると，$x = 10$ のポートフォリオは年間リターンの平均値が 9.1％，$x = 30$ のポートフォリオは年間リターンの平均値が 9.6％だ．ということは，年間の損失をおよそ 10％に抑える場合，株式の割合が 30％のポートフォリオのほうが，株式が 10％のポートフォリオよりもリターンが高いということだ．すばらしい！

- ここで株式と債券の割合が 50％ずつのポートフォリオを取り上げてみよう．図4.3A で，このポートフォリオのリターン（黒）と，S&P 500 や長期国債のリターンとを比べてみた．プラスのリターンをうまくとらえる一方で，損失を小さく抑えているのがおわかりだろうか．図4.3B に示したのは，異なる保有期間についての年平均成長率（CAGR，3.2.1項を参照）だ．まず黒い実線のグラフに着目しよう．保有期間が 3 年の場合，1987 年以降でポートフォリオのリターンがマ

4.4 ▶ どんな景気でも損失を出さない投資

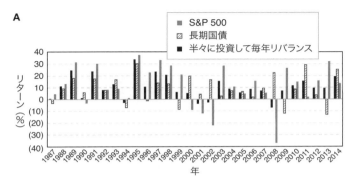

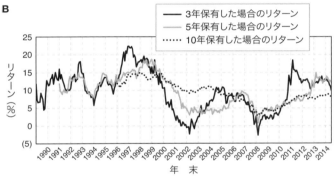

図4.3 (A) S&P 500(■),長期国債(▨),それぞれを半々に投資して毎年リバランスするポートフォリオ(■)の毎年のリターンの合計(分配金は再投資).(B) 半々に投資するポートフォリオを3年(――),5年(――),10年(……)保有した場合の年平均成長率(CAGR).

イナスになったときでも,その損失はせいぜい3.6%だった(2002〜2003年にかけてと,2008年以降に短期間だけマイナスになった).保有期間を長くするほど結果はよくなり,5年保有した場合(グレーの実線)には1987年以降どの期間でもプラスで,10年保有した場合(点線)にはどの期間でも

99

プラスであるうえ，ボラティリティが小さい．この図から，投資の経験則がもう一つわかる．<u>投資先を十分に分散したポートフォリオを使い，かつ保有期間を長くすれば，リターンの変動は小さくなるということだ</u>．

- 最後に強調したいのは，1987年以降，経済は多くの困難に直面したにもかかわらず，株式と長期国債に半々に投資するポートフォリオはよい運用成績をあげたということ．1987年10月19日には株式市場が1日で22％暴落し，2000〜2002年にはインターネット・バブルが弾け，2008年には世界金融危機があったにもかかわらずだ．

これでおわかりだろう．過去の結果から高リターン（10.2％）・低ボラティリティのポートフォリオ（株式と長期国債の割合が半々のポートフォリオ）を紹介する約束を果たせたと思う．でも，前の章の終わりで，長期的なリターン目安としては（10.2％ではなく）6％が妥当だと，私は書いた．なぜ数字が違うのだろう？

ここまでの分析を読んで「待てよ」と思った読者もいるかもしれない．「待てよ，1987年以降のデータしか出てない」と．その大きな疑問に答えよう．それは，私が無料で得られるデータがそれしかなかったからだ．世の中にはもっと古いデータを手に入れられる人もいるもので，たとえば，バンガード社の社員は最近こんな興味深い研究結果を発表した[47]．「1926年以降，株式と債券にそれぞれ50％ずつ投資するポートフォリオの年間リターンの平均値は，景気後退期では7.75％，景気拡大期では9.9％だった」．彼らはまた，インフレによってこれらのリターンがそれぞれ5.26％と5.59％に下がったことも突き止めた*12．「こうしたポートフォリオの1926年以降の実質の年間リターンは，<u>アメリカの</u>

4.4 ▶ どんな景気でも損失を出さない投資

経済が景気後退期にあるかどうかにかかわらず,統計上は同じだった」という(下線部分は引用元より).つまり,1926年以降,世界大恐慌や世界大戦,そのほか多くの戦争,1970年代のインフレによる経済危機,2000年と2008年の株式暴落といった出来事を経てきたが,この50/50ポートフォリオは景気のよい時期も悪い時期も,インフレ調整後のリターンの平均値がほぼ同じ,およそ6%だったということ.これこそが本当の"全天候型"ポートフォリオだ.

この章では,数学を活用してもともと予測不可能な株式市場や経済にどのように対処できるかを考えてきた.もちろん,どの目論見書にも書かれているように,投資にはリスクがあるし,「過去の運用成績は未来のリターンを約束するものではない」のだが,これまで見てきたように,リスクとリターンは数値化できる.いったん数値化すれば,この章で紹介した数式を利用してさまざまな投資対象を比較し,そのいくつかを組み合わせてポートフォリオをつくれるし,ポートフォリオの過去のリスクと報酬の特徴を理解することもできる.さらに,式(4.3)を活用して,自分が許容できるボラティリティの大きさにもとづいたポートフォリオを作成することも可能だ.これについて書くと,MITのブラックジャック・チームのことを思い出す.このグループは1980年代〜90年代に数学を駆使して,ブラックジャックでカジノを打ち負かした.これと同じように,単なる個人投資家でも,数学を活用して利益を生み出すこともできる.ウォール街の投資家のよう

---

*12 バンガード社が研究した債券の構成要素は,図4.3に示した50/50ポートフォリオの長期国債よりも多様(かつ低リターン)だ.ETFを利用してこれを模倣する方法の一つは,50/50ポートフォリオのTLT部分をAGG(iシェアーズ・コア米国総合債券市場ETF)に置き換えることである.このETFは,満期までの期間がさまざまなアメリカの投資適格債(国債や社債を含む)の指数に連動している.

第4章 投資で一発当てたい！

に何百万ドルもの利益を稼げなくても，自分が暮らす小さな世界で，経済的自由への年数を1年縮めたり，愛する人たちと過ごす時間を大きく増やしたりすることができるのだ．

　愛する人たちといえば，自分の家族だけでなく，いま恋している人との時間も増えたらうれしい．恋愛もまた，リスクとボラティリティが関係する人生の側面だ．これについても数学で多くのことがわかる．とはいえ，標準偏差と年間リターンを考えても恋愛のリスクは小さくならない．愛の研究には新たな種類の数学が必要だ．この本の最後のパートでは，確率や力学系，ゲーム理論を活用して，気の合う恋人と出会う方法を探ってみたい．パートナーとの関係を長く良好に保ち続けられる実用的な手法を見つけ，2人でさまざまな決断をするための，系統立った公平なやり方を考案してみよう．最後のテーマは「愛の数学」だ．

第 4 章のまとめ

数学のお持ち帰り

- 1 組の数字の**標準偏差**は，そのデータ集合の平均値に対する**ボラティリティ**（変動性）の指標となる．
- 二つの資産を組み合わせた**ポートフォリオ**の標準偏差と年間リターンは，一方の資産に割り当てたパーセンテージの関数として表現できる．二つの資産の割合を調整することで，リターンを最大にしたり，リスクを最小にしたり，リスクと報酬の比率を最大にしたりすることができる．

数学以外のお持ち帰り

- 何よりもまず，投資に関する二つの重要な原則を頭に入れること．「投資には元本割れなどのリスクがある」と「過去の運用成績は将来のリターンを保証するものではない」だ．
- 高リターンを(潜在的に)得られ，利益に税金がかからず，本当にリスクのない「投資」は，借金の完済だけ．とはいえ，借金の完済よりも投資をしたほうが理にかなっているケースも，わずかながらある(4.1 節を参照)．
- 普通預金や定期預金は通常，預金保険がかけられているので，その金融機関が倒産したとしても事前に決められた一定の金額は保障される．確かに気持ちは楽になるのだが，一方でリターンが低いという欠点もある．預金によってはそのときのインフレ率よりリターンが低く，実質のリターンがマイナスになることもある．
- 預金のリターンと中央銀行が設定する公定歩合には密接な関係があり，両者の変動は連動することが多い．詳しくは 4.2 節の解説を参照．

- 標準偏差は投資の年間リターンのボラティリティの指標となる．標準偏差が大きいほど，ボラティリティも大きい．
- リスクと報酬の比率（投資の年間リターンの平均値と標準偏差の比率，**RR比**）は，異なる投資手法の比較に役立つ．ボラティリティが同じ場合，RR比が大きい投資は，RR比が小さい投資よりもリターンが大きい．
- ポートフォリオの**リバランス**は重要．リバランスをしないと，時間が経つにつれて，リスクの最も大きい構成要素がポートフォリオで占める割合がだんだん高くなることがある．
- 株式や債券の個別銘柄に投資するのは，リスクがきわめて高い．それよりよいのは，複数の銘柄に投資してリスクを分散させる方法だ．**ETF**（上場投資信託）は分散投資を実現するのに便利な手段．
- 株式だけ，あるいは債券だけのポートフォリオよりも，株式と債券を組み合わせたポートフォリオのほうがRR比がよいこともある．
- ボラティリティや年間の最大損失を特定の水準にしたポートフォリオを構築することもできる．
- 過去のデータで考えた場合，銘柄を分散した株式50%と，銘柄を分散した債券50%からなるポートフォリオは，経済の状況に関係なく平均で年間およそ5.5%のリターンをもたらしている．

お役立ち情報

- 文書をくまなく読むこと．金融関係の文書を読むのがたいへんなのはわかるが，何かに同意する前には文書を読んでほしい．
- 投資を始める前に，投資の模擬実験をしてみよう．実際のお金を投資するのではなく，数カ月（あるいは1年ほど）かけ，スプレッドシートを利用して自分で選んだ投資手法のデータを記録する「ペーパー・トレーディング」を実践するのだ．利益，損失，そしてボラティリティを記録して，まじめに考察してみる．こうすることで，自分がどこまでリスクを許容できるかもわかってくるだろう．
- 投資をはじめる準備が整ったら，証券会社を探そう．1回の取引手数料がかなり安い会社もあるが，そういうところは顧客サービスがよいとは限らない．サービスが手厚い証券会社は手数料が高い．オンラインで取引するだけなのか，それとも，証券会社のスタッフに投資手法を相談するサービスを受けたいのか．証券会社をどのように利用するかを考えよう．
- 近々使う予定のあるお金を投資しないこと．「近々」というのが具体的にどれくらいの時期をいうのか定義するのは難しいのだが，たとえば，普通預金よりもリスクの高い投資に非常用の資金をつぎ込むのは得策ではないだろう．

第Ⅲ部

恋人探しに使えるかも？
恋愛の方程式

第5章
たった1人のトクベツな人を見つけよう！

　数学や科学はそれぞれ演繹的推論と科学的手法にもとづいた学問だ．しかし，恋愛とは感情であり，論理的というにはほど遠い．恋愛を数学化する際には細心の注意が必要になる．だから，これから取り上げる数学モデルとその結果については，明確な制約を設けることにする．

　ここまでが私の免責文だ．ここからは楽しい話題に入ろう．

　第Ⅲ部では，デートや恋愛関係に関する数学モデルをいくつか紹介したい．この章では「特別な人」を見つけること，つまり，恋人探しそのものに焦点をあて，次の章では「特別な人」と長く幸せな関係を築く方法を考えていく．たいていの恋愛話がそうであるように，ぴったり気が合う相手もいれば，最初から話にならない相手もいる．ここではまず，相手を見分けるための，完全に論理的な手法を説明する．恋愛というのは予測不可能なもので，それを考えたときに思い浮かぶのが，偶然性を扱う数学の分野である「確率」だ．確率を利用することで，次の二つの結果を数学的に導き出しやすくなる．**デートだけの関係を終えて「身を固める」時期を判断する手順**と，**互いに浮気をしないカップルを成立させるためのアルゴリズム**だ．さて，この型破りの愛のドクター（数学）

がどんなことを教えてくれるのか,とくと拝見しよう.

5.1 宇宙人探索に学ぶ恋人探し

「どんなタイプが好き?」というのは,仲のよい友達がたいてい聞いてくる(あるいは友達にたずねる)質問だ.その答え方は人によってさまざまで,好き嫌いのリストや最低条件,どうしても嫌な人をあげる人もいれば,特定の有名人に似ている人と答える人もいる.そして,この質問と同じくらい重要なのは,そうした人物が現実に存在するかどうかだ.

この質問から思い浮かぶのは,宇宙人の探索だ.「意味わかんない.どうして?」という声が聞こえてきそうだが,どちらも,存在してほしい知的生命体を探すという点では同じ.年齢がだいたい同じで,世界観が似ている存在だ.それに,どちらも現れたと思ったら瞬く間に消えることがあるではないか!

とはいえまじめな話,この比較は役に立つ.この半世紀のあいだ,人類は地球外生命体を発見しようと技術に磨きをかけてきた.そのなかには「特別な人」探しに活用できるものもある.

そうした手法の一つが,天文学者のフランク・ドレイクの研究だ.1960年,ドレイクは知的生命体の痕跡を探すため,高性能の望遠鏡を使用して恒星が放つ電波を調べた.結果は空振りに終わったのだが,ドレイクはあきらめなかった.彼は気づいたのだ.先ほど書いたように,探しているものが存在している確信がなければ,探索は無意味だと.そこでドレイクは自分の基準(知的生命体の文明は人類のものにどのくらい近いのか,など)を定量化し,実際のデータを使ってその値を推定した.1年後に誕生したのが,かの**ドレイク方程式**だ.

ドレイク方程式では,生命が生存可能な惑星の数や,そのうち

第5章 ♥ たった1人のトクベツな人を見つけよう！

知的生命体が存在する可能性がある惑星の割合といったデータを入力して，知的文明が銀河系にいくつあるかを推定する．ドレイクの研究チームが最善の推定値を方程式に代入して答えを求めたところ，銀河系には知的生命体の文明が20個〜5000万個存在するだろうという結果を導いた[48], *1．

このドレイク方程式を少し変えて，1人の人物に対してパートナーになりそうな相手が何人いるかを推定できるかどうか考えてみたい．この過程を説明するには，具体例をあげるのがいちばんだ．そこで，ちょっと危険なことをやってみる．私が独身のふりをして，デートできそうな女性が近くに何人いるかを推定するのだ*2．私が考案した式を以下に示す．

パートナーになりそうな人と数を推定する

$$N = P \times S \times A \times E \times D \times H_1 \times H_2 \quad (5.1)$$

Nはパートナーになりそうな人の数，Pは相手を探す地域の人口，Sは望む相手の性別（男や女）の人口に対する割合，Aは望む相手の年齢層の割合，Eは望む相手の学歴の割合，Dはデートを受けてくれそうな人の割合，H_1は自分が実際にデートしたいと考える人の割合，H_2は自分とデートしてもいいと思ってくれる人の割合．

パートナー探しの範囲をボストンに絞り，アメリカ国勢調査局のウェブサイト census.gov の「アメリカ・ファクト・ファイ

---

*1 サイエンスコミュニケーター（科学をわかりやすく伝える専門家）として有名な天文学者カール・セーガンの動画「Carl Sagan on Drake Equation」（カール・セーガンがドレイク方程式を解説）を YouTube でぜひ観ていただきたい．

*2 私の妻ゾライダへ，いっしょにいて君以上に幸せになれる人はいない．よちよち歩きの娘エミリアへ，パパは君とママが大好きだよ．本でやっていることは，ごっこ遊びにすぎないからね．

ンダー」を使って式の答えを求めると,$N \approx 350$ という推定値が得られた(➡巻末付録 5-1).

だが,ここで現実の壁にぶつかる.350 人という女性の数は大きな数ではあるのだが,ボストンに住む 30〜40 歳の女性の 0.7% にすぎない.つまり,30〜40 歳だと私が思うボストンの女性およそ 144 人に話しかけてはじめて,私の「特別な人」の 1 人に出会えるということだ(長くたいへんな 1 日になりそうだ).さらにやっかいなのは,私の推定がおそらく過大評価であるという点である.「スペイン語を話せる人」など,式 (5.1) に含めなかった条件も数多くあるのだ.こうした追加の好みを盛り込めば N の値は下がり,デートできる女性の数も少なくなる.

一例として,自分の N 値を求めようとした若い男性の事例を紹介しよう.彼はロンドン都市圏に暮らしている 400 万人近い女性を対象にした.ドレイク方程式に似た自分の数式に項目をどんどん追加すると,N もどんどん小さくなる.最終的に得られたのは,がっかりするような結果だ.彼の条件に合う女性はたった 26 人だった[*3]!

でも,それでいいではないか.宇宙人探しと同じように,$N \geq 1$ であれば十分だ.特別な人が存在しているということだから.「こんなにばらつきがあるのに,N を求める意味なんてあるのか?」と思う読者もいるだろう.その大きな理由はのちほど説明するが,ここではこう書いておく.この手法を利用することのメリットは,相手として最も必要な条件は何かと,相手を探している場所が自分にとってベストなのかどうかをじっくり考えられることだ.

---

*3 この男性の事例はウォールストリート・ジャーナル紙で取り上げられている[49].

めでたく相手を見つけられたら，お楽しみのデートがやってくる．そして，いったんこの冒険に乗りだすと(うまくいけば)もう一つの重要な問題が持ち上がる．恋人として付き合う段階を終えて，いつ「身を固める」かだ．

　ここまで読んできてくれた人なら，私が次にいいたいことがおわかりだろう．「そこで数学の出番」だ．まず重要なことを伝えておく．ある厳密な前提(のちほど説明)のもとでは，この典型的なデートのジレンマに対する答えを左右するのは N だけ，ということである(だから少しがっかりする結果になっても，N を推定する方法を紹介したのだ)．これを理解するには確率論を少しかじる必要がある．それを次に説明しよう．

5.2 秘書の雇用に学ぶ恋人探し

　ここで，自分がお金持ちだと考えてみよう．唯一の悩みは，人生をいっしょに過ごしてくれる誰かがなかなか見つからないことだ．だから仲介役を雇った．メアリーという名前のその女性は，あなたに合わせた「スピードデート」という合コンを手配してくれ，彼女の見立てで N 人を選んでくれた(大丈夫，今晩のあなたはすてきだ)．会う相手のことは事前に何も知らないが，メアリーは全員に関するファイル(写真や紹介ビデオなど)を持っている．判断しやすくなるように，メアリーがランダムに選んだ相手と，一度に1人ずつ5分間おしゃべりできる場を設けてくれるという．なかなかいいイベントじゃない？

　とはいえ，メアリーはこの仕事の経験がそれなりにあるので，従ってほしいルールを設けている．次のようなものだ．

1. 断った相手とは二度と会えない．考え直してもう一度連絡

5.2 ▶ 秘書の雇用に学ぶ恋人探し

するのはダメ．
2. いったん相手を選んだら，ほかの人は候補から外れ，ファイルも処分される．会わなかった人がどんな人なのかを知ることはできない．
3. 必ず誰かを選ぶこと（メアリーは相手探しにかなりの労力を注いでいるのだ）．

もちろん，選ぶほうは，メアリーが見つけてくれた N 人の候補のなかから<u>最高</u>の相手を選びたい．この状況で，多くの人は次のような行動をとるだろう．まず数人と話をしてどの人も断り，それまでで最もよい相手（最有力候補）を記憶しておく．その後，面談を続けて，最有力候補を上回る相手に最初に出会った時点でその人を選ぶのだ（全員と会ったうえで最高の相手を選ぶことは，メアリーが設定した最初のルールに反するのでできない）．面談した N 人のうち x 人を断るこの方法を，私は「x 戦略」と呼ぶ（先ほど書いた恋人と宇宙人の関係と，アメリカのテレビドラマ『Xファイル』を意識したネーミングだ）．ここで，誰もが気になる質問．x 戦略で最高の候補者を選ぶ確率が最も高い x の値は何か[*4]？

5.1 節でそれとなく予告したように，その答えは N によって異なる．$N = 1$ のケースは特別だ．この場合，候補者が 1 人しかおらず，メアリーの三つ目のルールに従えば，その人と付き合うしかない．断った人はいないので，$x = 0$ だ．候補者が 1 人ということは，その人が最高<u>かつ</u>最低の候補者ということになる（ランキングはほかの候補者との比較で決まるから）．だから，最高

[*4] ここでは「面談」や「候補者」という言葉をわざと使った．これは，この問題が秘書を選ぶ問題（最高の秘書を雇うのが目標）と同じようなものだからだ（この章のまとめも参照）．

の候補者を選ぶ確率を求める必要があるのは，N が 2 以上の場合だけだ．

$N = 2$ の場合には選択肢がある．1 人目を選ぶ（$x = 0$）か，1 人目を断って 2 人目を選ぶ（$x = 1$）かだ．候補者を互いに比べてランク付けできるという設定にしたので，ここでは 2 人の候補者を「並」と「最高」とする．表 5.1 には，それぞれの x 戦略で得られるであろう結果を示した．それぞれのシナリオには，二つの可能性がある．メアリーが最初に紹介するのが「最高」の場合と，「並」の場合だ．$x = 0$ の戦略では，二つのシナリオのうち一つで「最高」を選ぶ（太字は選ばれた人，かっこ内は会わなかった人）．つまり，よりよい候補者を選ぶ確率は 50% ということだ．これを $P(2, 0) = 50$ というかたちで表してみよう．かっこ内の最初の数字は N，2 番目の数字は x を表す．$x = 1$ の戦略でも確率は同じ，$P(2, 1) = 50$ となる（取り消し線が引かれているのは断られた人）．

$N = 3$ になるとさらに興味深くなる．3 人の候補者を相対的なランキングに従って「並」「次点」「最高」と呼び，考えられる結果を表 5.2 に示した．0 戦略（a）と 2 戦略（c）ではどちらも，「最高」を選ぶケースは六つのシナリオのうち二つしかなく，$P(3, 0) \approx 33$ および $P(3, 2) \approx 33$ となる．一方，1 戦略（b）を見てみよう．シナリオ 3 では最初に「次点」に会うが，$x = 1$ の場合は候補者の 1

表 5.1　スピードデート問題で $N = 2$ の場合．(a)では最初に会った人を選び，(b)では 2 番目に会った人を選ぶ．太字は選ばれた人，かっこ内は一度も会わない人，取り消し線を引いたのは断った人だ．

(a)

会う順序	シナリオ（$x = 0$）	
	1	2
1 人目	**最高**	**並**
2 人目	（並）	（最高）

(b)

会う順序	シナリオ（$x = 1$）	
	1	2
1 人目	最高	並
2 人目	**並**	**最高**

5.2 ▶ 秘書の雇用に学ぶ恋人探し

表 5.2 スピードデート問題で $N = 3$ の場合．(a)では最初に会った人，(b)では2番目に会った人，(c)では3番目に会った人を選ぶ．太字は選ばれた人，かっこ内は一度も会わない人，取り消し線を引いたのは断った人だ．

(a)

会う順序	シナリオ($x = 0$)					
	1	2	3	4	5	6
1人目	**並**	**並**	**次点**	**次点**	**最高**	**最高**
2人目	(次点)	(最高)	(並)	(最高)	(並)	(次点)
3人目	(最高)	(次点)	(最高)	(並)	(次点)	(並)

(b)

会う順序	シナリオ($x = 1$)					
	1	2	3	4	5	6
1人目	~~並~~	~~並~~	~~次点~~	~~次点~~	~~最高~~	~~最高~~
2人目	**次点**	**最高**	並	**最高**	並	次点
3人目	(最高)	(次点)	**最高**	(並)	**次点**	並

(c)

会う順序	シナリオ($x = 2$)					
	1	2	3	4	5	6
1人目	~~並~~	~~並~~	~~次点~~	~~次点~~	~~最高~~	~~最高~~
2人目	~~次点~~	~~最高~~	~~並~~	~~最高~~	~~並~~	~~次点~~
3人目	**最高**	**次点**	**最高**	**並**	**次点**	**並**

人を断るので，その「次点」が最有力候補となる．次にメアリーが連れてくるのは「並」だが，最有力候補よりはよくないので，その人を断って次の人を迎えると，やってくるのはなんと「最高」の人だ！　だから1戦略では六つのシナリオのうち三つで「最高」を選ぶことになり，$P(3,1) = 50$ だ．これは0戦略と2戦略よりも高い確率なので，$N = 3$ の場合は1戦略が最善の策である．この戦略に従うと，50％の確率で最高の候補者を選べる．

$N = 4$ の場合は可能性が24通りもある．ここでは表を使った詳しい説明を省略して，結果だけを紹介しよう．表5.3では，1

第5章 ♥ たった1人のトクベツな人を見つけよう！

表5.3 2列目はスピードデートで最善の x 値を示す．3列目は，それを候補者数（N）で割った値のパーセンテージ．4列目は x 戦略で最高の候補者を選ぶ確率．値は四捨五入してある．

N	最善の x	x/N (%)	$P(N, x)$ (%)
3	1	33	50
4	1	25	49
5	2	40	43
6	2	33	43
7	2	29	41
8	3	38	41
9	3	33	41
10	3	30	40
11	4	36	40
12	4	33	40
13	5	38	39
14	5	36	39
15	5	33	39

列目に N の値，2列目に最善の x の値，3列目には x を N で割ったパーセンテージを示した（たとえば $N = 3$ の場合，最善の戦略は候補者の最初の33％を断るということ）．そして4列目は，その x 戦略で最高の候補者を選べる確率だ．ここで特筆すべき特徴が二つある．

- 「最高」を選ぶ確率 $P(N, x)$ は，N が大きくなるほど小さくなる．
- とはいえ，N が大きくなると，3列目と4列目の数値は30％代に落ち着くように見える．これは決して偶然ではなく，れっきとした数学だ！　<u>N が無限に近づくにつれて，候補者の最初の37％を断り，その後，最有力候補よりもよい</u>

最初の候補者を選ぶのが，最善の戦略となる．これは数学的に証明可能だ．そして，この戦略では少なくとも37%の確率で最高の候補者を選べる[*5]．

上記の結果は，私が設定した前提（メアリーの三つのルールなど）にもとづいたものだ．現実には，こうした前提があてはまるケースはほとんどないだろう．まず，付き合う相手の候補を紹介してくれる「メアリー」のような人物はおそらくいないし，いったん断った人にもう一度連絡をとることだってできる．こうした前提をなくせば，結果は必ずしも37%にはならない[*6]．

とはいえ，この分析から得られる教訓はいくつかある．大きなものとしては，パートナーを見つける際に使う選択の過程を考えるのが重要であるということ（x戦略では37%の法則が基本）．5.1節で考えた相手探しの方法を補う教訓だ．もう一つの教訓は，最善のxの値がNに左右されるということ．5.1節の終わりで，Nは小さいよりも大きいほうがいいのではないかと考えた読者もいるだろう．しかし，表5.3をもう一度見てみると，Nが大きくなるほど最高の候補者を選ぶ確率は下がっている（少なくともx戦略を使って選んだ場合）．だからたぶん，5.1節で紹介したあの好みのうるさいイギリス人男性は何かをわかっていた．自分の好みからやや遠い候補者も含んだ大きな集団のなかから選ぶよりも，自分の好みにより近い候補者の小さな集団から選ぶほうがよ

[*5] 実際の割合を小数で示すと，$1/e \approx 0.3678$ となる（証明は文献[50]を参照）．eは**オイラー数**で，およそ2.71だ．高度な手法を使ってこの問題を解くと，Nの値はまったく関係なくなるのだが，この手法では，パートナーになりうる人にどのくらいの頻度で会うかが前提条件として必要になる（文献[51]の例2を参照）．

[*6] ちなみに，37%の法則はほかのさまざまな状況にも登場する．この章のまとめで簡単に説明しているので参照のこと．

いと考えたのかもしれない．

　37％の確率で最高の候補者を選べる設定に使った前提が現実的でなかったとしても，これは驚くべき結果ではないだろうか．デートや恋愛に関する話題にもかかわらず，数学を使うことで，これまで気がつかなかった知見を得ることができた．「でも，37％という確率はけっこう低いんじゃないの？」と思う読者もいるだろう．確かにそうなのだが，これは数学が悪いのではない．使った前提のなかで最善の結果であるというだけのことだ．もっといろいろな情報があれば結果もよくなるだろう．まさにそれをこのあと説明したい．次にご招待するのも典型的なスピードデートで，男女それぞれ N 人が参加するイベントだ．もっと情報（そして数学）があれば，互いに浮気しないカップルができるということを示そう．

5.3 安定結婚問題で浮気を防止！

　再び仲介役のメアリーに登場してもらおう．今回彼女が紹介してくれるのは，異性愛者の男性 N 人，女性 N 人が参加するデートイベントだ[*7]．イベントに先立って，メアリーが大きな箱を送ってくれた．中身は異性の参加者それぞれに関する詳細な情報を含んだファイルだ．そして，こんなメモも入っていた．「ファイルをじっくり見て，候補者を最高から最低までランク付けして，そのリストをイベントに持って来てください」

　イベント当日の夜，運転手が連れてきてくれたのは，大きな舞踏場だ．なかに入ると，メアリーのアシスタントの1人から名札を渡された．会場は，舞踏場という言葉から思い浮かべる豪華

---

　*7　この異性愛者の前提についてはのちほど議論する．

5.3 ▶ 安定結婚問題で浮気を防止！

なイメージとはほど遠いものだ．あるのは，場内を二つに分ける1本の長いロープだけ．片方の側には「男性はこちら」，もう片方には「女性はこちら」と書かれている．参加者全員が所定の場所にそろうと，メアリーが部屋の裏から姿を見せた．

「みなさん，こんばんは．お越しいただきありがとうございます．このロープは何だろうと思われているかと思いますが，これについてはのちほど説明します．まず，名札に名前を書いて，自分の好みのリストを提出してください」

メアリーは異性の参加者のファイルを<u>全員</u>に送っており，メモの内容も同じだった．だから，異性の参加者を最高から最低までランク付けしたリストをみんなが持って来ていた．

「それではイベントを始めましょう．今日の段取りを説明します．これから，パートナーのいない男性が1人ずつ女性を誘うという出会いの場を繰り返し設けていきます[*8]．全員がカップルになって，現在のパートナーではなくほかの人と付き合いたいという人が誰もいなくなった時点で，イベントは終了です」

数学用語でいうと，メアリーは<u>安定マッチング</u>の達成を目指している．彼女はどうやってカップルを成立させていくのかを話していないが(それは秘密)，メアリーは賢い女性なので，すべてのカップルの関係が安泰となるように数学を活用する．彼女がどんな方法を使うのかをまず説明し，その後，現実のデートライフに役立つ知識を紹介していこう．

「みなさん準備はいいですか？」とメアリーが声を上げた．「では，始めましょう．男性のみなさん，ロープをまたいで，いちばん好きな人を誘ってください」．次に何が起きるか，おわかりだ

[*8] 男性が最初に選択するという前提条件については，のちほど議論する．

第5章 ♥ たった1人のトクベツな人を見つけよう！

ろう．男性たちは特定の女性に群がり，ほかの女性を誘う男性はわずかしかいないという状況だ．第1ラウンドを終えた時点で，誰にも誘われなかった女性，1人から誘われた女性，複数の男性から誘われた女性がいる．

「誰にも誘われなかった人はそこにいてください．のちほど来ますから」とメアリーがいった．「誘いを受けた人はこうします．1人だけから誘われた人は，誘いを受けて『婚約』したと考えてください．複数の男性から誘われた人は，自分のリストでランクが最も高い人を選び，婚約したと考えてください」

第1ラウンドを終えても，まだパートナーがいない男女はいる．メアリーはそうした男女にロープのうしろへ戻るように告げ，第2ラウンドを開始した．「パートナーのいない男性たち，この第2ラウンドでは2番目に好きな女性を誘ってください」

ここで雲行きが怪しくなり始める．なかには婚約済みの女性を誘う男性がいるからだ．だが，メアリーは解決策を用意している．すぐに声を上げて，混乱を防いだ．

「女性のみなさん，婚約しているのに誘いを受けた人で，第2ラウンドに誘われた男性のほうがリストの上位にあったら，現在のパートナーを捨ててもかまいません」

何ということだ！（とはいえ，そもそも男性は第1ラウンドで第1位の女性を選んでいるではないか）．会場のなかに一部受け入れがたい雰囲気が漂っているのを察知すると，メアリーは参加者のやる気をそがないようにこういった．

「男性のみなさん，捨てられても気にしないでください．パートナーのいないほかの男性たちといっしょに，次のラウンドでは，まだプロポーズしていない女性のなかでいちばん興味がある人にプロポーズしてください．女性のみなさん，1人だけからプロポー

ズされた場合はそれを受け入れ、複数の男性が申し込んできたらいちばん好きな人を選んでください。すでに婚約している場合は、新しい人に乗り換えてもかまいません。まだパートナーがいない人には、この先きっと誘われると約束します」

メアリーはこのやり方を繰り返してラウンドを続けた。時間はしばらくかかったが、最終的に不思議なことが起きた。全員がそれぞれパートナーを得たうえ、どのカップルも安定している（互いに浮気しない）のだ！　メアリーが用いた秘密の手法とは、**ゲール゠シャプレイ（GS）アルゴリズム**に従ってカップルをつくることだ。その名は、この「**安定マッチング問題**」（**安定結婚問題**ともいう）を1962年に証明した2人の数学者に由来する。GSアルゴリズムでは「全員が相手を見つける」と「すべてのカップルが安定している」という、メアリーが掲げた二つの目標を達成することを2人は証明した。最初の目標の証明については付録で解説する（➡巻末付録5-2）。マッチングの安定（メアリーの仕事でまさに極秘事項）については、GSアルゴリズムで達成できるという(簡単な)証明をここで解説しよう。

ここで、ジェシカとジョージという2人の参加者がいるとする。ジェシカは婚約中の女性、ジョージは婚約中の男性で、それぞれほかの人と婚約している。だが、完全にめでたしめでたしというわけではない。ジョージは現在の相手よりもジェシカのほうが好きなのだ。しかし、これは問題ない。メアリーが使ったGSアルゴリズムでは、ジェシカはジョージよりも現在の相手を選ぶようになっている。その理由は次のとおり。ジョージが現在の相手よりもジェシカが好きということは、彼は現在の相手にプロポーズする前にジェシカにプロポーズしているからだ。ジェシカが彼のプロポーズを断ったのなら、彼女はジョージよりも好みの人とす

第 5 章 ♥ たった 1 人のトクベツな人を見つけよう！

でに婚約しているということである．ここまででわかったのは，ジェシカはジョージよりもほかの誰かが好きだということ．たとえジョージのプロポーズをいったん受け入れていたとしても，ジェシカは現時点で彼と婚約していないので，それまでのどこかの段階でジョージを捨てたに違いない．やはりジェシカはジョージよりもほかの誰かが好きなのだ．どちらのシナリオでも，たとえジョージがジェシカといっしょになりたいと思っていても，彼女はすでにほかの誰かと婚約しているし，現在の相手を捨ててジョージを選ぼうとは思っていない．見事でしょう？

　この短い証明は，GS アルゴリズムの驚くべき特徴を示している．それは「浮気を防ぐ」ことだ．たとえ「近所に住む既婚女性(ジェシカなど)を狙う」男性たちのなかにジョージのような人物がいたとしても，このアルゴリズムを使えば"ジェシカ"は必ず"ジョージ"よりも現在の相手のほうを好むのである．

　とはいえ，GS アルゴリズムにはいくつか欠点もある．以下にあげた 3 点は，そのなかでも大きな欠点だ．

- 先ほど触れたように，カップルのなかには，現在の関係のほうが幸せにもかかわらず，誰か別の人といっしょになりたい人も出てくることがある．GS アルゴリズムでは浮気を防ぐとはいえ，人が浮気を<u>したくなる気持ちまでは抑えることができない</u>(数学に頼れる部分は限られているのだ)．
- 安定マッチングを達成するには異性愛者を前提とする<u>必要がある</u>．似たような問題に，異性愛者を前提としないルームメートのマッチングがあるが，この問題では安定マッチングを達成できるとは限らない．
- 複数の安定マッチングが存在することがある．これはそれほ

5.3 ▶ 安定結婚問題で浮気を防止！

ど悪いことではないのだが，1点だけ問題だ．このアルゴリズムでは，考えられるすべての安定マッチングのなかで，男性は<u>最高</u>の相手といっしょになれるが，女性のほうは（好みのリストで）<u>最低</u>の相手といっしょになってしまうおそれがある[52]（➡巻末付録5-3）．

最後の点はとりわけ悩ましい．とはいえ，数学のすばらしい特徴の一つに普遍性がある．この場合，メアリーがイベントでの男女の立場を入れ替えて，すべてのラウンドで<u>女性</u>が相手を選択するようにすれば，<u>女性</u>たちは考えられる最高の相手といっしょになれるし，<u>男性</u>たちは考えられる最低の相手といっしょになることがある．ここでの教訓をメアリーの言葉で表現すれば「女性のみんな，その手でつかみとれ！」だ[*9]．

この章は宇宙人探しから浮気の防止まで多岐にわたり，本書の章のなかで話題の広がりがいちばん大きかった．え，期待外れだったって？　でも，ここで話題にした「愛」とは複雑なものだ！　にもかかわらず，数学は深い知見をいくつかもたらしてくれたではないか．設定した前提条件のなかには現実的でないものもあったが，その結果をうまく処理して，たくさんのことを学んだ．傑出しているのは，37％の法則と浮気を防止するGSアルゴリズムだ．それらの結果が驚くほど現実に合っていることは，いまでも印象深い．

だが，最後にとっておきの話題を用意している．次の章では，ずっと幸せに暮らすなど，カップルの将来を予測するうえで研究者が数学をどのように使ってきたかを見ていくほか，数学を活用

[*9] GSアルゴリズムの上手な（そして役に立つ）応用例はほかにもある．この章のまとめで短く解説したので，そちらも参考にしてほしい．

して，2人の関係のなかで両者にとって公平で透明性の高い決定を共同で下すための方法も紹介する．最後に，破局の防止に役立つ有望な研究についても議論する．

第5章のまとめ

数学のお持ち帰り

- 数学の**確率**は，何かがどのくらい起きやすいかを表現するのに使うことができる．最も単純な例をあげると，Xという事象が起きる確率は，考えられる結果の総数に対する，Xを起こしうる方法の数の割合だ．たとえば，Xが「公平な6面のサイコロを振って偶数が出る確率」だとすると，考えられる結果が六つあるのに対し，サイコロにある偶数は三つ（2，4，6）なので，$P(X) = 3/6 = 0.5$となる（偶数が出る確率は50%ということ）．
- 確率は0%（絶対に起きない）〜100%（必ず起きる）の範囲にある．
- **37%の法則**はもともと「秘書問題」から生まれたものだ．この問題では，雇用主は秘書の候補者を一人ひとり面接し，雇うか断るかをその場ですぐに決めなければならない．雇うのが秘書にしろ教師にしろ警官にしろ，秘書問題のこの前提を満たした雇用判断には**x戦略**の手法がよくなじむ．最適なx値については表5.3（Nが小さい場合）か37%の法則（Nが大きい場合）を参照のこと．
- **ゲール=シャプレイ（GS）アルゴリズム**にも，秘書問題と同様にさまざまな応用例がある．実際，ゲールとシャプレイはこのアルゴリズムを発表した論文のなかで，大学の入学試験についても研究している[53]．また，全米研修医マッチング・プログラ

ムでは，医学生と実習先の病院のマッチングのために，1952年からGSアルゴリズムの改良版を利用している．安定結婚問題のほかの応用例や一般法則については文献[54]を参照．

数学以外のお持ち帰り

- **ドレイク方程式**に似た手法を使ってパートナーになりうる人の数を推定する際には，設定する前提条件が重要．前提条件が少なすぎると「候補者」がたくさん得られるし，前提条件が多すぎると「候補者」が数えるほどしかいなくなる．とはいえ，この手法を使う本当の利点は，自分がパートナーを選ぶ際に何を最も重視しているかをじっくり考えられることだ．それがわかれば，ほかのツール（オンラインのデートサイト，イベント情報，さらには人口データなど）を利用して，その貴重なN人の誰かに出会うチャンスを広げられる．
- 5.2節で取り上げたx戦略は，すでに広く使われているデート手法に似ている．設定された前提条件をすべて満たした場合，37%の法則（すべての候補者の最初の37%を断り，その後，それまでの最有力候補を上回る最初の人を選ぶ）では，考えられる最高のパートナーといっしょになれる確率は少なくとも37%ある．それほど高い確率ではないし，必要な前提条件は現実離れしているが，数少ない大まかな前提条件のみから数学でできることをしてみた．
- **GSアルゴリズム**は異性愛者の安定したカップル（互いに浮気しないカップル）の成立に利用できるが，その前提として，各人が候補者を最高から最低までランク付けした好みのリストを用意している，男女の数が同じ，そして，「お見合い」ラウンドでは常に男性のほうから女性を選ぶという条件が必要だ．
- 残念ながら，GSアルゴリズムによって成立したカップルの安定を約束できるのは，異性愛者が参加するシナリオのみだ．また，プロポーズするほうの性別の人が考えられるなかで最高の

安定マッチングを得られるのに対し，反対の性別の人は考えられるなかで最低の安定マッチングになることがある．

 お役立ち情報

- <u>出会いを楽しもう</u>．デートは冒険だ．この章で紹介した結果はそのまま適用するようなものではないが[*10]，その冒険にどのように取り組むかについて考える機会を与えてくれる．それと，「スピードデート」のイベントを運営している人を知っていたら，GS アルゴリズムのことを教えて，一度使ってみてと頼んでみるのもいい．そして，その結果をぜひ電子メールで私に教えてほしい．

[*10] 私は恋愛関係のエキスパートではないが，たとえば，37％の閾値に達していないというだけでデートの申し込みを<u>すぐに</u>断られたら，その人はいい気はしないと思う．

第6章
トクベツな人といつまでも幸せに暮らそう！

　さて，大切な人になるかもしれないと思う人を見つけたとしよう．その人は自分の最も重要な価値を共有し，共通の興味があり，最良の友であり，家族も認めている．ただ，いまのところ，テキストメッセージや電子メールのやり取りしかしていなくて，まだ直接会ったことがない．そこで，どちらか一方がコーヒーショップで会おうと提案した….

　先に到着したのはあなた．数分後，相手（人物Xと呼ぶ）が店に入ってきた．Xをひと目見た瞬間に何が起きるかは，まったくの謎だ．心理学，化学（これは科学の分野でもあり，2人のあいだに起きる「化学反応」でもある），生物学，神経科学などが複雑にからみ合う現象だ．しかし，数学の観点では，2人の関係は「<u>力学系</u>」であるといえる．こうした系は二つ以上のもの（この場合の系は2人）が時間の経過とともに相互に作用する（力学）ということだ（たとえば，あなたがにっこり笑うと，Xもにっこり笑ってうなずき，あなたは髪を整えるといった具合だ）．数学者は何百年も前から力学系を研究してきた．どれだけ複雑に見える力学系であっても，その解明に役立つような隠れた性質が存在する，ということはすでに発見されている[*1]．なんだか私たちの役に立ち

第6章 ❤ トクベツな人といつまでも幸せに暮らそう！

そうじゃないか．そこで第6章では，こうした観点から「カップルの関係の力学」について議論していきたい．

まずは，恋愛関係の現実的な力学系モデルについて説明することから始めよう．関係を強固にする方法を探るうえで，このモデルが何を教えてくれるかを解説する（そう，最近では数学モデルからも恋愛関係に関するアドバイスが得られるのだ）．この助言は役に立つし，いくぶん意外でもある．導き出された結果の一つには，関係を揺るがす出来事に対処する能力にもとづいて，カップルを二つのグループに分けるという作業がある．関係が強いカップルはショック（どちらか一方が別の人に好意を抱き始めているのを発見するなど）に対処して立ち直ることができるが，関係が弱いカップルは大きなショックには耐えられそうもない（ほら，このモデルは現実的でしょ）．でも大丈夫．カップルの関係の安定に役立つ最近の研究結果も紹介するから安心してほしい．さらに，**ゲーム理論**と呼ばれる分野から派生した新しい数学もいくつか解説し，その数学を利用して，カップルが両者にとって公平で透明性の高い決定を共同で下せるような数式をつくる．さあ始めよう．

6.1 恋愛の力学系

それでは，人物 X にはじめて会った場面に戻ろう．2人のあいだに起きる現象を数学化するために，次のような変数やパラメーターを導入する．

1. X に対するあなたの気持ちの強さを y，あなたに対する X の気持ちの強さを x とし，値が正の場合は相手が好きとい

---

*1 私自身の研究分野は力学系の一分野だ．

う意味で，負の場合は相手が嫌いという意味とする（たとえば $y = 10$ の場合，あなたが X を好きだということ）．

2. x と y の値はデートのあいだに変化する．そこで，X に対するあなたの気持ちの<u>瞬間的</u>な変化を y'（y ダッシュ），あなたに対する X の気持ちの瞬間的な変化を x' としよう．現実には，どの人にも瞬間的でない反応はあるが，前述のような前提を設定しておくと数学が単純になる．

3. <u>互いに会った瞬間</u>，どちらの側にも第一印象が形成される．あなたから見た X の印象を A_x，X から見たあなたの印象を A_y としよう．この時点で互いのことはよく知っているので（テキストメッセージや電子メールでやり取りしてきたから），A_x と A_y には外見だけでなく，職業や学歴，文化的な背景といった好みの特徴も加味される．

考えられる要素はほかにもたくさんあるだろうが，上記の変数やパラメーターが，あなたと X が最初に及ぼし合う作用の中核部分に相当するというのを納得してもらえるとうれしい．ここまで決めたら，x' と y' が x，y，A_x，A_y とどのような関係があるかを見つければよい．さて，出会いの場面を 1 秒 1 秒じっくり見ていこう．

まずは第一印象から．これは互いが相手に対して抱く感情に影響を及ぼす．だから x' と y' の数式にはそれぞれ A_y と A_x を含めるべきなのだが，どんな影響かは詳しくわからない．そこで，X があなたの感情に及ぼす影響を表す関数を $f(A_x)$ とする[*2]．同様に，あなたが X の感情に及ぼす影響を表す関数を $g(A_y)$ とする．

---

*2 $f(A_x)$ という表記は「A_x の関数」という意味だ．

第6章 ♥ トクベツな人といつまでも幸せに暮らそう！

このfやgを，ある人物が相手の魅力にもとづいて相手にどれだけ関心を抱くかを表す「関心関数」と考えよう[*3]．そうすると，x'とy'を表す数式はまずこのように考えられる．

$$x' = g(A_y) \qquad (6.1\text{a})$$
$$y' = f(A_x) \qquad (6.1\text{b})$$

これらの数式のいわんとしているところはこうだ．ある人物が相手に対して抱く感情の瞬間的な変化（x'やy'）は，相手に対して抱く関心（関数fまたはg）に等しい．

Xが席につき，2人の会話が始まる．ニュートンの第3法則さながら，一つひとつの行動（作用）が反応（反作用）を生む（といっても，この場合の反作用は作用と大きさが同じで向きが反対であるとは限らない）．会話が進むにつれて，互いに対する気持ちを示す小さな手がかりに気づく．これをR_xとR_yという関数で表そう．Xがあなたに抱いた感情に対するあなたの反応（Xの気持ちに対するあなたの反応）を$R_y(x)$，あなたがXに抱いた感情に対するXの反応を$R_x(y)$とする．そうすると，最初につくったモデルはこうなる．

$$x' = g(A_y) + R_x(y) \qquad (6.2\text{a})$$
$$y' = f(A_x) + R_y(x) \qquad (6.2\text{b})$$

新しいモデルには，当初の関心レベルだけでなく，互いの気持

---

*3 「関心」と「魅力」を同じと見なすこともできるが〔$f(A_x) = A_x$および$g(A_y) = A_y$とする〕，私の意見では両者は異なる．それを示すために，ここで一つ思考実験をしてみよう．Xが魅力的な俳優だとして，あなたの状況を2通り考えてみる．（A）それまでXにそっくりな人と長く付き合っていたが浮気されて別れた直後，（B）1年間パートナーがいない，という状況．両方のシナリオでXが同じ魅力をもっていたとしても，Xへの関心はAの状況のほうがBの状況よりも低いだろう．

ちに対する進行中の反応も盛り込まれている．

最後に，デートの終わりまで場面を早送りしてみよう．Xと別れた直後はまだ，Xのことを考えていたけれど，だんだんと日が経つにつれて，自分のふだんの生活のことをまた考えるようになる．これはつまり，Xに対するあなたの気持ちが少し弱まったということだ．ここで，この気持ちの減少をd_yの割合で指数関数的に変化すると考え，あなたに対するXの気持ちの減少はd_xの割合で指数関数的に変化すると考えてみよう（どちらも正の値）[*4]．この二つの新たな前提条件を組み込むため，式（6.2a）と（6.2b）にそれぞれ$-d_x x$と$-d_y y$という項を追加する（これを行う理由は微分積分学と関係があるので，付録で微分積分学の簡単な説明を見てほしい➡巻末付録6-1）．こうして完成したモデルの最終形は次のとおり．

$$x' = g(A_y) + R_x(y) - d_y y \quad (6.3a)$$
$$y' = f(A_x) + R_y(x) - d_x x \quad (6.3b)$$

f, g, R_x, R_yを表す厳密な関数をこの先見つけられるかどうかは疑問だが，現実に沿って単純な想定を行うことはできる〔たとえば，Xの魅力が増せばXに対するあなたの関心が高まる，つまり，A_xが大きくなれば$f(A_x)$の値も大きくなると想定できる〕．これはまさに，2人の数学者が1998年に恋愛関係の力学系を分析した研究だ[55]．彼らの研究結果は，カップルの相談にのる最高のエキスパートにも匹敵するものである．

2人はまず，このモデルには三つの**平衡状態**（相手に対する互

[*4] 第3章で，指数関数の値の変化がどれだけ急激かを解説したので，この想定を疑問に感じる読者もいるだろう．しかし，変化の割合はd_yとd_xというパラメーターでコントロールしている点に注目してほしい．これらの値がごく小さければ，減少は緩やかになる．

いの気持ちが変化しない状態）があるということを発見した．さらに，カップルは時間が経つにつれて，そうした平衡状態の一つへ徐々に向かっていくことも見いだした．

　しかし，カップルがどの平衡状態に落ち着くかは，そのカップルの安定性によって異なる．これは2人によるもう一つの発見だ．安定したカップルでは，互いに対する気持ち（xとy）は時間が経つにつれてだんだんよい方向へ向かう．このカップルが向かう平衡状態はただ一つ，互いに好意を抱いている（愛し合っている）という幸せな状態だ．しかもこれは，互いの当初の気持ちにかかわらず起きる．不安定なカップルの関係は，それほど安泰ではない．こうしたカップルには三つの平衡状態があり，どの状態になるかは互いに対する当初の気持ちによって異なる．当初の気持ちがそれほど悪くなければ，カップルの関係は幸せな状態に向かう．一方，当初の気持ちが悪ければ，二つある不幸な状態の一つへと最終的に向かってしまう〔付録では，これらの結果が式(6.3)からどのように導き出されるかを解説しているので参考にしてほしい➡巻末付録6-2〕．

　このモデルでとりわけ興味深いのは，以下の三つのアドバイスが式(6.3)に隠れている点だ．この三つは"不安定な"関係を"安定した"関係へと変えるのに役立つ．

1. **互いに十分大きい関心を寄せ合っていれば，カップルは安定する**．あなたとXが互いに十分な大きさの関心を寄せ合っている場合，このモデルでは最終的に幸せの平衡状態にいたると予測される．これは，パートナーを選ぶうえで相性のよさがいかに重要かを示している[*5]．
2. **2人の関係に対するショックの影響を弱めることで，破局**

を防げる．不安定なカップルはある程度の大きさのショックを受けた場合に不幸な状態に陥り，破局を迎えるおそれがある．「ある程度の大きさ」という条件には，このモデルのもう一つの特徴がかかわってくる．それは，不安定なカップルが不幸な状態へ向かうか，幸せな状態へ向かうかを分ける閾値だ．その閾値を上げようとカップルが努力すれば，ショックを吸収しやすくなり，閾値を超えにくくなる．そうすると，やがて関係は幸せの平衡状態を取り戻す方向へ向かうと，モデルでは予測される．

3. **個人の魅力を増すと，平衡状態にある両者の気持ちがよくなる方向へ向かう**．つまり，それぞれの人が自分を磨くことで(健康になる，経済状態をもっと安定させるなど)，2人の関係において愛情の可能性が広がる．

この「恋愛の力学系」のモデルは完成にはほど遠いが，カップルの関係に対する上記のアドバイスのリストは私にとって感慨深い．なにしろこれは数学モデルから得られたのだ！　読者にも同じ感慨を抱いてもらえたらうれしい．それと，このモデルから得られるアドバイスとこれまでの章で得た教訓が調和していることにも着目してほしい．たとえば，互いに十分高い関心を寄せ合うためには，両者ともどんなパートナーを探しているかをしっかりと把握しておくべきだという点．これはまさに，第5章でドレイク方程式に似た独自の数式をつくるときに私が伝えたことだ．同様に，第1章～第4章で学んだ健康や経済状態を向上させる手法を思い返し，上記の三つ目のアドバイスを改めて見てみると，そ

---

*5　魅力の定義を外見以外の要素にまで広げるかどうかも，議論の一つだ(よく知られていることだが，ハリウッドのカップルは外見がよくて<u>も</u>関係が短い)．

うした知識を活用することで2人の関係を強固にできることがわかる（この数学モデルは安定結婚問題についても何かを伝えてくれる➡巻末付録6-3）．そして最後に伝えておきたいのは，このモデルの前提条件は恋愛以外の関係（従業員とその上司の仕事関係など）にも適用できるということだ．ということは，さらに広い観点でいうと，微分積分学にもとづいたこのモデルは，多くの点で「幸せのモデル」ということにもなる（まさにこの本のタイトル）．

このモデルの第1と第3のアドバイスはこれまでの章で取り扱ってきたので，ここからは第2のアドバイスに的を絞ろう．このあとは，あなたとパートナーのコミュニケーションを数学でどのように向上できるかを解説し，2人のあいだに起きた争いごとに対処する際に(破局を回避するためなどに)数学をどう活用できるかを説明する．だがその前に，問題の解決に使う新しい数学を身につけよう．

6.2 2人とも幸せになるための選択と決断

ここでは一つの数式を紹介する．ある集団訴訟で勝訴して，5万円の小切手があなたのもとに送られてきたとしよう．そのときパートナーがそばにいて，そのお金をどうするかを2人で決めなければならない．第3章を読んでいたあなたは貯金したいと考えた（「これでどれだけ早く引退できるか考えてみてよ」とあなたはいう）．しかし，パートナーはそのお金を使いたい（「今晩どれだけ楽しめるかを考えてみてよ」とパートナーはいい返す）．そこで5万円を2人で分けることにした．1人あたりの取り分はいくらにすべきか？

もちろん簡単なのは，それぞれが半分ずつ受け取る方法なのだ

が，それだとあなた（あるいはパートナー）に不満が残るかもしれない．この問題を解決する公平で透明性の高い方法があれば，いいと思わないだろうか．さいわいにも，その方法はある．

1950年，ジョン・ナッシュという22歳の男性がその方法を見つけた．上の事例のように共同で決定を下すための数学的な手法を考案し，その手法を使えば，2人のあいだで，ある程度「不正が起きない」公平な合意を形成できることを数学的に証明したのだ[*6]．

ジョン・ナッシュと聞いて，アカデミー賞を受賞した2001年の映画『ビューティフル・マインド』を思い出した読者もいるだろう．この映画でラッセル・クロウが演じたのが，ゲーム理論という新たな数学分野の確立に大きく貢献した天才数学者のナッシュだ．ナッシュは初期の研究で「非協力ゲーム」に取り組んだ．ここでいう「ゲーム」とは，理性的な人物（プレイヤー）どうしのやり取りで，ほかのプレイヤーの「報酬」に影響する決定にかかわるものを指す．たとえば，ポーカーは（ナッシュの）ゲームの条件を満たすし，開戦へと踏み切る2国の決定もそうだ．さいわいナッシュは「協力ゲーム」の理論にも興味をもち，「交渉問題」[57]という論文で意思決定の数式を発表した．それがこの本で紹介する数式だ．

ナッシュはその論文で，「2人の個人が……さまざまな意味での相互利益のために協力する機会をもつ」状況について研究した．その研究では，「1人がもう1人の同意なく行動を起こさないことが，もう1人の幸福に影響を及ぼしうる」と，「2人はきわめて理性的で，それぞれがさまざまな事柄に対する欲望を正確に比較でき，同等の交渉能力をもち，相手の嗜好をすみずみまで把握し

[*6] 公平性など，ナッシュの手法のほかの特徴についての解説は，文献[56]を参照のこと．

第 6 章 ♥ トクベツな人といつまでも幸せに暮らそう！

ている」という前提条件が設定されている．「嗜好をすみずみまで把握している」というのはやや厳しいが，それを除けば，ナッシュの前提条件はまずまず現実的だ．

ナッシュの手法を今回のテーマに応用して，あなたとパートナーがほぼあらゆることについて最適な決断を共同でくだせる数式をつくる方法を解説しよう．

ステップ1 **幸福を数学化する**．ナッシュの手法では効用関数の概念を利用している．効用関数では，考えられる結果に対してあなたとパートナーの嗜好を定量化する．今回の目的では，合意の結果から得られる幸福度を定量化する関数を考えよう．あなたの効用関数を $Y(x)$ とし，5 万円のうちの x 円を貯金することで得られる幸福度を表すとする．そして，パートナーの効用関数を $P(z)$ とし，5 万円のうちの z 円を使うことで得られる幸せの大きさを表すとしよう．

- 幸福度は 0 〜 10 の数値で評価し，10 が「幸せ」，0 が「不幸」を表す．
- 5 万円のうちの自分の分け前が増えると，あなたの幸福度はパートナーよりも高くなる．
- 両者とも，お金をまったく受け取らない場合，幸福度は 0 となる．
- 5 万円を全額受け取った場合，あなたの幸福度は 10 となる．一方，パートナーが全額受け取った場合，パートナーの幸福度は 8 にしかならない．

これらの前提条件を満たす関数は数多くあるが，物事を単純にするために，ここでは一次関数を使う（以下の関数が前提条件

を満たすことの証明は付録を参照➡巻末付録6-4).

$$Y(x) = \frac{10}{50000}x, \ P(z) = \frac{8}{50000}z \qquad (6.4)$$

ステップ2 **制約を決める**．すでに提示されている制約は以下の三つだ．

$$x + z = 50000, \ x \geqq 0, \ z \geqq 0 \qquad (6.5)$$

最初の制約は，あなたの取り分とパートナーの取り分の合計は必ず5万円になるという意味．残りの二つは，それぞれの受け取り額の最低が0円という意味だ．

ステップ3 **意見の不一致を数学化する**．次にやらなければならないのは，合意に達しなかった場合の互いの気持ちを定量化することだ．この場合，あなたの幸福度は3（がっかりした状態），パートナーの幸福度は4（それほどがっかりしていない状態）とする．

ステップ4 **「ナッシュ積」の最大値を求める**．ナッシュの最良の合意は，次の問題を解くことで得られる．

$$(Y - 3)(P - 4)\text{の最大値を求める} \qquad (6.6)$$

ここでは，(Y, P) のあらゆるペアに対する最大値を探す際に，$Y \geqq 3$ と $P \geqq 4$ という制限を設けている（「合意が得られない」シナリオよりもよい可能性だけを考慮するということ）．式(6.6)の積 $(Y - 3)(P - 4)$ は**ナッシュ積**と呼ばれる．

付録では二次関数の最大値を求めることによって，この問題を

第6章 ♥ トクベツな人といつまでも幸せに暮らそう！

解いた（➡巻末付録6-5）．そうして導き出した答えは，パートナーに3万円を渡し，残りの2万円を自分で貯金するというものだ．これによってあなたの幸福度 Y は4で，パートナーの幸福度 P は4.8となる．パートナーのほうが金額も幸福度も大きくなるということだ．「でも，パートナーにとっての支出よりも，私にとっての貯金のほうが大事」と思うだろう．確かにそうなのだが，ナッシュの手法はあくまでも公平性を求めるものであって，個人の効用の最大化をめざすものではない*7．これについてはのちほど解説する．まずは一般的な公式を紹介しよう．これにあなた自身の数値を代入すれば，数学にもとづいて最良の意思決定を行うための式を得られる．

共同の意思決定で最良の条件を求める

合計 T の何か（お金など）をあなたとパートナーでどのように分配するかを決めなければならないとしよう．それを<u>すべて</u>受け取ったときのあなたの幸福度を M，パートナーの幸福度を N とし，幸福度を0～10までの数値で表すとする（10が「幸福」，0が「不幸」）．最後に，両者のあいだで合意に達しなかったときのあなたとパートナーの幸福度を，それぞれ Y_d と P_d とする．このとき T を分配する最良の合意は次のとおり．

$$\text{あなたの取り分} = \frac{T}{2}\left(1 + \frac{Y_d}{M} - \frac{P_d}{N}\right) \quad (6.7a)$$

$$\text{パートナーの取り分} = \frac{T}{2}\left(1 + \frac{P_d}{N} - \frac{Y_d}{M}\right) \quad (6.7b)$$

ただし，$\frac{Y_d}{M} + \frac{P_d}{N} \leq 1$ を満たす必要がある．

6.2 ▶ 2人とも幸せになるための選択と決断

これらの式をどのように導いたかは付録で解説するが（➡巻末付録6-6)，ここではいくつかの点について触れておきたい．まず，T はお金に限らず，分けられるものなら何でもよい．時間（あなたは家にいたくて，パートナーは外出したいなど）や食べ物（ケーキやピザを切り分けるときなど）にも適用できるということ．そして，"系をゲーム化する"方法と，成功した人がどのように関係を強めるかについても解説していきたい．解説するにあたり，前述の式でいくつか特殊なケースを考える．

- まず，合意にいたらなかったときの両者の幸福度が0（$Y_d = P_d = 0$）ならば，式(6.7a)と(6.7b)も同じ数，つまり T の半分になる．だから，両者とも意見の不一致が不満ならば，T を単に均等に分けて，話し合いを終えるのがよいということだ．これはどちらの側にも配慮した数学なので，私は気に入っている．2人が「不幸と不幸」という効用の組み合わせに向けて言い争いを激化させる危険を数学が察知し，「じゃあ T をぴったり半分に分けて問題を回避しよう」といって危険を防いでいるかのようだ．

- ここで，$Y_d = P_d$ だが両者ともゼロではない場合を考えよう．この場合，合意に達しなくても不幸にはならない（いくぶんがっかりはするだろうが）．そして，$N > M$ である場合（パートナーの最大の幸福度があなたの最大の幸福度よりも大きい場合），T のうちパートナーが受け取る分はあなたの取り分よりも小さくなる（➡巻末付録6-7)．これは式(6.6)に内在する公平性を表しているので，私はこの結論も気に入っている．

---

*7 式(6.6)に積があるのはこのためだ．これにより，最大化の過程で両方の効用関数が考慮される．

- 最後に $M = N$ のケース，つまり，両者にとって最大の幸福度が同じケースを考える．$Y_d > P_d$ の場合（合意に達しないときのあなたの幸福度がパートナーよりも高い場合），T のうちであなたが受け取る分がパートナーの取り分よりも大きくなる（➡巻末付録6-8）．パートナーの取り分をあなたよりも大きくするためには，$P_d > Y_d$ でなければならない．つまり，合意に達しない場合に，パートナーの幸福度があなたよりも高くなければならない．

これら三つの性質はすばらしいと思わないだろうか．とくに三つ目は，私がそれとなくほのめかしていたように，ナッシュの数学手法をごまかす方法の一つを示している．合意に達しない可能性があっても，幸せに感じられるようになるのだ．実に前向きな考え方ではないか！　意見が一致しなかったときに，どちらか1人が（あるいは両方が）腹を立てて立ち去る結果になるよりも，「どうも意見が合わないね．アイスクリームでも食べにいこうか」といったほうがよいのではないか．それに，もしそうすれば，式 (6.7a) ではあなたのほうが T のうちで受け取る分が多くなるのだ！　これで，物事の明るい面に注目しようと思ってくれただろうか．最後に，式 (6.7a) と (6.7b) にはコンピューターのアイコンが付いているので，本書のウェブサイトに掲載した数式を使ってオンラインで自由にカスタマイズしてほしい．

あなたやパートナーが互いに対してうしろ向きな感情を抱いてしまうときは，どうしてもあるだろう．しかし，その影響を最小限に抑えられそうな比較的簡単な方法が，研究によって発見されている．6.1節で触れたように，互いのやり取り（あなたとパートナーの言い争い）を力学系と見なし，数学を活用して，その系

6.3 心理学者が使う「離婚しない数学」

1999年,心理学者のジョン・ゴットマンとキャサリン・スワンソン,数学者のジェームズ・マレーが,離婚を実質的に数学化する重要な研究を発表した.その研究では,130組の新婚カップル(異性愛者)が議論を呼びやすい話題(政治など)について15分間議論した様子を映像に収め,その結果を分析して一定の傾向を発見した.そして驚くべきことに,そのカップルが6年後に離婚しているか幸せな結婚生活を送っているかを高確率で正しく予測できたのだ[58].好都合なのは,研究チームが使った数学モデルが式 (6.3) の力学系によく似ていることだ.そのモデルを本書の概念にあてはめるとこうなる.

$$W' = a + bW + R_W(H) \qquad (6.8a)$$
$$H' = c + dH + R_H(W) \qquad (6.8b)$$

ここで H と W はそれぞれ会話中の夫と妻の幸福度を実質的に示し(負の値は悪い気分,正の値はよい気分を表す)[*8],a, b, c, d は数字,$R_W(H)$ は夫の発言に対する妻の反応,$R_H(W)$ は妻の発言に対する夫の反応を記号で表している.

式(6.3)と式(6.8)で示した系が似ているということは,式(6.8)は式 (6.3) と同様に分析できるということだ.ただし,ゴットマンの研究チームと本書の概念が異なる点が一つある.それは,彼らが関数 $R_W(H)$ と $R_H(W)$ に特殊な形式(傾きがゼロである3本の水平線からなる区分線形関数)を選択したことだ.研究チーム

[*8] 研究チームは顔の表情から声のトーンまであらゆる性質を定量化し,その値を変数に代入した.

第6章 ♥ トクベツな人といつまでも幸せに暮らそう！

は中間の線の境界点を「ネガティブの閾値」と呼び，これを「ネガティブな気持ちがパートナーの直後の行動に影響を及ぼす点」と定義している．そして，15分間の議論で得たデータを式(6.8)に代入し，求めたネガティブの閾値と結婚生活の結果の相関関係を分析した．

そうして見いだしたのは，ネガティブの閾値が低いカップル（「ネガティブな行動がそれほどエスカレートしていない段階でそれに気づいて対処した」夫婦）は幸せで健全な結婚生活を送る確率が最も高い，という経験則だ[*9]．それを使ったところ，どのカップルが離婚に終わるかを94%の確率で正しく予測できたという[59]．これは納得がいく．こうした関係では，ネガティブな気持ちの蓄積が防がれ，のちに大きな問題に発展しないからだ．さらに，私にとってここでも印象深いのは，安定した関係を築くアドバイスが力学系から導かれたことである（これで微分積分学を勉強しようと思ってくれたらうれしい！）．

正直にいうと，こうした結果には制約がある．まず，結論を導くにあたって使用したサンプル数（130組のカップル）が少ないのが，ほかの研究者に批判されていることだ[60]．確かに94%という数字は私も疑問に感じている．

一方で，数学モデルだけを使った（白熱した議論を行う実験をしていない）研究は，ネガティブの閾値が低いカップルに関する全体的な考え方を裏づけているように見える．たとえば文献[61]の研究では，式(6.8)に似た（前提条件も似た）力学系の手法を使って，ネガティブな気持ちに対する対応の遅れが関係にどのような

---

*9 ゴットマンの著書（文献[52]参照）では，同性のカップルに適用したときにも彼らの手法が成功したという結果や，結婚生活での赤ちゃんの影響についても論じられている．

影響を及ぼすかが調べられている．その結果，研究チームは「ほどよい」ゾーンを発見した．<u>対応が早すぎても遅すぎても最終的に関係は不安定になりうる</u>ことがわかったのだ．この研究結果を，ゴットマンのチームが発見したネガティブの閾値と併せて考えてみると，興味深い可能性が浮かび上がってくる．<u>ネガティブな行動に対するそれぞれの許容度を低くして，そうした行動を目にしたら相手に(十分早く)伝えると，関係は強まっていくのかもしれない</u>ということだ[*10]．もちろん，この結論は数学モデルや社会科学にもとづいて得られたもので，前提条件が合わないカップルもいるだろうから，どの人にも適用できると考えるべきではない．

カップルの安定・不安定，ナッシュ(ノーベル経済学賞と優れた数学者に贈られるアーベル賞をそれぞれ1994年と2015年に受賞し，2015年に惜しまれつつその長い生涯を閉じた)とゲーム理論，数学の問題としての交渉術，関係のなかで公平かつ透明性の高い決定を共同でくだす方法，ネガティブの閾値を低くする利点とネガティブな感情への迅速な対応，そして，関係について聖書と同じアドバイスを与えてくれる力学系の発見．この章はかなりの冒険だったのでは？

数学は実生活の役に立ち，洞察に満ちていて，理解できるのだということを，この章を読んで納得してもらえたらうれしい．次の「結びに代えて」では，この本で取り上げた話題を総括してみたい．「熱心な若者たち」(映画『ビューティフル・マインド』でのラッセル・クロウのせりふ)である子どもも含めたあなたの家族や友人に，数学愛を広めることもお願いする．この本で学んだことによって，問題は「<u>なぜ</u>数学を勉強すべきか？」ではなく，「<u>なぜす</u>

[*10] 関係に関するこのアドバイスは，聖書にも登場する．「日が暮れるまで怒ったままでいてはいけません」(エフェソの信徒への手紙，第4章26節)．

第6章 ♥ トクベツな人といつまでも幸せに暮らそう！

べきでないのか？」なのだと思ってくれたらありがたい[*11]．そして，あなたがこれからも数学を学び続けたいと思うように，ある著名な思索家の言葉をここで紹介したい．

> 「私が再び勉学を始めるとすれば，プラトンの助言に従って数学から始めるだろう」
>
> ——ガリレオ・ガリレイ

[*11] これは，天才数学者を描いた1988年の映画『グッドウィル・ハンティング』の有名なシーンからの引用．

第6章のまとめ

数学のお持ち帰り

- **力学系**は相互作用する「要素」(人や国など)の(継時的な)変化をモデル化したものだ．通常，力学系はそれぞれの要素のさまざまな特徴の現在の状態を表すだけでなく，瞬間的な変化の割合(**瞬間変化率**)を含んだ数式(この概念は微分積分学で扱われ，**導関数**と呼ばれる)を用いてモデル化される．時間が経過するにつれて，ある力学系モデルの要素は異なる状態へと変わっていく．系のなかには**平衡状態**(要素がそれ以上変わらない状態)をもつものもある．
- **ゲーム理論**は，その手法と結果が実質的にあらゆる決定プロセスに洞察をもたらす数学の一分野で，応用範囲が広い．
- 一次の効用関数を使ったナッシュの交渉問題は，二次関数(**ナッシュ積**)の最大値を見つけることによって解ける最適化問題である．

第 6 章のまとめ

数学以外のお持ち帰り

- 6.1 節で解説したように 2 人の関係を力学系で見てみると，カップルは「安定」と「不安定」の 2 種類に分けられる．安定したカップルは互いに対する当初の気持ちにかかわらず，最終的に幸せな関係になる．一方，不安定なカップルが幸せな関係に落ち着くのは，互いに対する当初の気持ちがそれほど悪くない場合だけだ．
- 関係を確実に安定させる方法の一つは，互いに十分な関心を寄せ合うこと．モデルでは，これは個人の魅力の度合いにもとづいている．外見の魅力だけでなく，学歴の高さなど，関連がありそうなほかの特徴も含まれる．
- 安定したカップルも不安定なカップルも，個人（あるいは両人）の魅力を高めることによって，関係のなかで愛情の可能性を高められる．
- 関係になんらかのショックが起きると，不安定なカップルは不幸な状態に向かいがちである．しかし，これが起きるのは，ショックの大きさが幸福と不幸の閾値を超えるほど大きな場合だけだ．モデルでは，この閾値を高める（たとえば，より大きなショックに対処する方法を見つける）ことで，ショックの影響からカップルの関係を守ることができる．
- この章のなかでも実用的な教訓の一つは，ナッシュの交渉問題の解だ（6.2 節参照）．共同で決定を下すための，公平で透明性の高い方法を提供してくれる．
- もう一つ実用的な教訓は，関係のなかで起きた争いごとが大きな問題に発展しないように努力することが，破局（あるいは離婚）の防止になりうるということだ．ゴットマンの研究やほかの研究結果は，ネガティブの閾値が低い（不平不満を早めに伝える）ことが，カップルの破局や離婚防止に役立つことを示している．同様の数学モデルによる結果からは，自分の不満をた

め込まないで相手に早めに伝えることで関係を強化できそうだという興味深い可能性が浮かび上がった.

お役立ち情報

- <u>もっと詳しく知りたい人は YouTube や iTunes U を活用しよう</u>. ゲーム理論や力学系は数多くの大学の講義で一般的なテーマになっているから, 教授による解説の動画が YouTube や iTunes U, あるいは似たようなサイトにたくさん掲載されている. さらに, こうしたトピックは応用範囲が広いので, 解説のなかには数学の要素が少なく, 概念の説明に重点を置いたものもある. この章で取り上げた話題をもっと深く知りたい人に格好の教材になるだろう.
- <u>数学の応用例をもっと知りたい人は Ted.com を閲覧するのがよい</u>. TED のトークは短め(通常 15 〜 20 分)だし, 講演者はその道の専門家だ. 数学の応用例を取り上げたトークも多い. たとえば, イギリスの数学者ハンナ・フライはこの章で取り上げたトピックのいくつかについて話しているし, 物理学者のジェフリー・ウェストのトークは, 富や犯罪, 都市がどのように発展していくかを表現する共通のパターンについてのものだ.

付 録

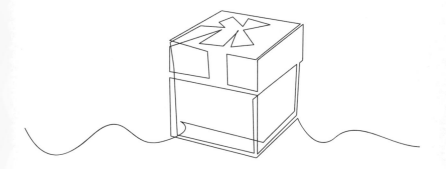

付録A 背景知識

代数のおさらい

代数の方程式を解く際,最も単純な事例では,独立変数(通常は x)に対してなされたことの反対の操作をする.一例として次の方程式を考えよう.

$$2x + 7 = 15$$

$2x$ など,変数と数字が隣り合う表記は掛け算を示す.ここでは x に2を掛け,その結果に7を足すと15になるという意味だ.x の値を求めるには,両辺から7を引いて $2x = 8$ とし,次に両辺を2で割ると,$x = 4$ という答えが得られる.

こうした代数の操作を楽にする性質がいくつかある.この先使うおもな性質は次のとおり.

- **分配法則**:$a(b + c) = ab + ac$
  例:$3(x - 2) = 3x - 6$
- **指数法則**:まず定義をいくつか示そう.a を正の数,n を正の整数(1,2,3など)とすると,a^n は a を n 回掛けるという意味だ.たとえば $a^2 = a \times a$ となる.この先登場しそうなほかの性質は次のとおり(b は a と同じく正の数,m は n と同じく正の整数).

  (1) $a^0 = 1$

  (2) $a^{-n} = \dfrac{1}{a^n}$ 　　　　例:$2^{-2} = \dfrac{1}{4}$

(3) $a^{1/n} = \sqrt[n]{a}$　　　　$n = 2$ の場合は特別に $a^{1/2} = \sqrt{a}$ と書く．

(4) $a^m \times a^n = a^{m+n}$　　　例：$2^3 \times 2^2 = 2^5$

(5) $\dfrac{a^m}{a^n} = a^{m-n}$　　　例：$\dfrac{2^4}{2^2} = 2^2$

(6) $(ab)^n = a^n b^n$　　　例：$6^5 = 2^5 \times 3^5$

(7) $\left(\dfrac{a}{b}\right)^n = \dfrac{a^n}{b^n}$　　　例：$\left(\dfrac{2}{3}\right)^2 = \dfrac{4}{9}$

関　数

　方程式を「入出力マシン」と見立てることもある．たとえば，$y = x^3$ という式があるとしよう．この式に x の値（$x = 3$ など）を入力すると，x の3乗である y の値（$y = 3^3 = 27$）が出力される．この「$y = x$ にかかわる要素」という形式は，数学者がよく考える方程式の形だ．y が x に依存し，それぞれの x の値が一つの y の値に対応している場合，こうした方程式を扱うときには，「y は x の関数」という．$y = x^3$ も関数の一例だ[*1]．

　関数を表す際に $f(x)$ という表記を使うこともある．$f(x) = x^2$ といった具合だ．この表記は，先ほどの「入出力マシン」で考えると理解しやすい．この場合，関数に x の値を入力すると，$f(x)$ の値が出力される．$f(x) = x^2$ を例にとると，$f(2) = 4$ の場合は「$x = 2$ のときの関数の値は4である」という．

[*1]　y が x に依存していること，特定の x の値に対応する y の値は一つである（それ以上はない）ことは明らかだ．

付録 A　背景知識

数学記号の解説

本書で使っている記号の意味と,その使用例を示す.

記号	意味	使用例
$=$	等しい	$\dfrac{10}{2} = 5$
$\approx$	ほぼ等しい	$1.001 \approx 1$
$\leqq$	以下	$x \leqq 2$ ならば,$10x \leqq 20$
$\geqq$	以上	$x \geqq 3$ ならば,$10x \geqq 30$
$\pm$	正または負	$x = \pm 1$ ならば,$x = 1$ または $x = -1$
$\implies$	含意	$x = 4 \implies x^2 = 16$

付録1

1. (p.6) x がある一つの決まった値をとるとしよう.その値を x_i とし,それに対応する y の値を y_i とする.そうすると,次のような一次関数が得られる.

$$y_i = mx_i + b$$

次に,x の値に1を足す.そうするには,上の式の x_i を $x_i + 1$ に置き換えればよい.このとき得られる新しい y の値を y_f とすると,一次関数はこうなる.

$$y_f = m(x_i + 1) + b$$

右辺にある m を分配して,$m(x_i + 1) = mx_i + m$ のようにすることができる.そうすると式は次のようになる.

$$y_f = mx_i + m + b$$

ここで式をよく見ると,右辺は単に m に $mx_i + b$ を加えたものだ(項の順序はどちらでもよい).しかし,$y_i = mx_i + b$ なので,項を次のように置き換えることも可能だ.

$$y_f = y_i + m$$

ここまでの操作を振り返ろう.x の値を1単位(x_i から $x_i + 1$ へ)増やすと,新しい y の値(y_f)は,当初の y の値(y_i)に傾きの m を加えたものになる.m が正の数である場合,y_f は y_i より大きく(y の値が増加),m が負の数である場合,y_f は y_i より小さくなる(y の値が減少).これが一般的な傾きの解釈だ.

付録 1

2. (p.8) 代数を使って $4x + 370 \leqq 400$ を解こう（この不等式では負の数はないので，不等号は等号と同じように扱われる）．準備はいいかい？ さあ始めよう．

① これが最初の不等式：$4x + 370 \leqq 400$
② 両辺から 370 を引く：$4x \leqq 30$
③ 最後に両辺を 4 で割る：$x \leqq 30/4 = 7.5$

3. (p.8) この問題はこうして「数学化」する．1 日に摂取するタンパク質の合計グラム数を p，炭水化物の合計グラム数を c，脂肪の合計グラム数を f とする．アトウォーター係数にもとづくと，カロリーはタンパク質が $4p$，炭水化物が $4c$，脂肪が $9f$ となるので，摂取するカロリーの合計は次のようになる．

$$T = 4p + 4c + 9f$$

この式は<u>多重線形関数</u>の一例だ．詳しくは次の章で説明するが，ここでは合計カロリー T を特定の値に制限するときと同じ分析を行って，それぞれの主要栄養素のグラム数を求める．たとえば，T を 1000 にすると，不等式は次のようになる．

$$4p + 4c + 9f \leqq 1000$$

この式で三つの変数のうち二つがわかれば，もう一つの変数を求めることができる．炭水化物（たとえば $c = 150$）と脂肪（$f = 20$）が少ない食事にこだわるなら，食事に含まれるタンパク質の量は 55 g 以下（$p \leqq 55$）となる．

4. (p.11) $RMR_男$ を求める完全な式には四つの変数が含まれるので，それをグラフ化するには四次元のグラフが必要になる．

付録 1

四次元のグラフは視覚化できない．しかし，$h = 180$ などのように身長を代入すると，以下のように式に含まれる変数は三つになる．

$$\mathrm{RMR}_\text{男} = 9.92w - 5a + 1131.8 \qquad (\mathrm{A1.1})$$

この式には三次元 (3D) のグラフが必要だが，それはかまわない．3D のグラフは 2D のグラフと同じように描くことができる．底部に xy 平面を描き，そこから 3 本目の軸を上方に描く．そして，原点（平面と上方向の軸が交わる点）を基準にしていくつもの点をプロットして，点と点をつないでいく．図 A1.1 に示したのは，式 (A1.1) のグラフ（平面と呼ぶ）だ．平面は多重線形関数である（平面の縁を構成している直線に注目しよう）．$w = 0$ とすると $\mathrm{RMR}_\text{男} = -5a + 1131.8$ となることに

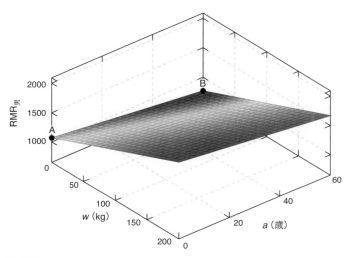

図 A1.1 式 (A1.1) の 3D グラフ．体重 w は 0 〜 200 (kg)，年齢 a は 0 〜 60 (歳) までの範囲を描いた．

着目するとわかりやすい．平面の点 A と点 B を結ぶ，下向きの直線(傾きは −5)がこの式を示している．

5. (p.14) まず $20 = 0.15r - 8.85$ から始める．

    a. 両辺に 8.85 を足す．$\qquad 0.15r = 28.85$

    b. 両辺を 0.15 で割る．$\qquad r = \dfrac{28.85}{0.15} = 192.3 \approx 192$

記号 ≈ は「ほぼ等しい」ことを示す(付録 A の「数学記号の解説」に数学記号の一覧を示したので，そちらも参考にしてほしい)．

6. (p.15) どの多項式も次のような形式をもつ．

$$y = a_n x^n + a_{n-1} x^{n-1} + \cdots + a_1 x + a_0$$

a_0, $a_1 \sim a_n$ は数値($a_n \neq 0$ が前提)，n は 0 を含めた自然数だ．この式の n は多項式の「次数」と呼ばれ，式に含まれている x の最も大きい指数にあたる．表 A1.1 には，次数が 0 〜 3 の多項式の一般的な形式とその名前，具体例を示した．

表 A1.1 次数が 0 〜 3 の多項式の一般的な形式とその名前，具体例．

n	多項式	名前	具体例
0	a_0	定数関数	$y = 2$
1	$a_1 x + a_0$	一次関数	$y = 4x + 370$
2	$a_2 x^2 + a_1 x + a_0$	二次関数	$y = -0.007 x^2 + 192$
3	$a_3 x^3 + a_2 x^2 + a_1 x + a_0$	三次関数	$y = x^3 - 2x^2 + 1$

付録1

7. (p.16) 答えを求めるために $\text{MHR} = \text{MHR}_{\text{pop}}$ とする.

$$220 - a = 192 - 0.007a^2$$

両辺に $0.007a^2$ を加え,両辺から 192 を引く.

$$0.007a^2 - a + 28 = 0$$

この式を解く最も早い方法は「二次方程式の解の公式」を使うことだ.$Ax^2 + Bx + C = 0$ という式の解は次のようになる.

$$x = \frac{-B \pm \sqrt{B^2 - 4AC}}{2A}$$

± という記号は「プラスまたはマイナス」という意味(付録 A の「数学記号の解説」を参照)で,＋記号を使って求めた解と－記号を使って求めた解の二つを書く必要があることを示す.$Ax^2 + Bx + C = 0$ と $0.007a^2 - a + 28 = 0$ を比べてみると,$A = 0.007$,$B = -1$,$C = 28$(そして $x = a$)であることがわかる.したがって,この二次方程式を解くと,以下の二つの解が得られる.

$$a = \frac{20(25 - 3\sqrt{15})}{7} \approx 38.2, \quad a = \frac{20(25 + 3\sqrt{15})}{7} \approx 104.6$$

一つ目の解は 図1.2B で二つの線が交わっている点の年齢(a 値)で,二つ目の解はもう一つの交差点(グラフには示されていない)に対応する.

8. (p.16) ここからは,ジェイソンの ACB 式を使ってこれを数学化する方法を示す.彼が c カロリーを消費するのにかかる

付録 1

時間を t 分とすると，次の式が得られる．

$$\text{ACB} = \frac{c}{t}$$

ACB は<u>1分間</u>の有酸素運動で消費されるカロリーだから，これをジェイソンの ACB 式といっしょにすると，次のように考えられる．

$$\frac{c}{t} = 0.15r - 8.85$$

ジェイソンの MHR はおよそ 192 bpm だから，その x %は $192x/100$ だ（たとえば MHR の 50 %を求めるには，まず 50 を 100 で割り，その結果に 192 を掛ける）．したがって，ジェイソンは次の心拍数で運動する．

$$r = \frac{192x}{100}$$

これを前の式に代入する．

$$\frac{c}{t} = 0.15\left(\frac{192x}{100}\right) - 8.85 \implies \frac{c}{t} = 0.288x - 8.85$$

ここから t を求めるには，両辺の逆数をとってから（a/b の逆数は b/a），両辺に c を掛ける．

$$t = \frac{c}{0.288x - 8.85}$$

たとえば，ジェイソンが MHR の 70 %（$x = 70$）で運動して

400 kcal を消費したい場合（$c = 400$），この分析方法を用いると，運動しなければならない時間 t はおよそ 35.4 分間となる．

付録2

1. (p.38) バナナのエネルギー密度を使って，バナナ何グラムで 100 kcal が得られるかを求めることができる．答えは次のとおり．

$$\frac{100\,\text{kcal}}{0.95\,\dfrac{\text{kcal}}{\text{g}}} \approx 105\,\text{g}$$

同じような計算式を使うと，クロワッサンの場合は 100/3.7 ≈ 27 グラムだけで 100 kcal 得られることがわかる．

2. (p.39) 説明を具体的にするために，特殊な例を考えてみよう．1/0 が一定の値をもつと仮定し，その値を x とする．

$$\frac{1}{0} = x$$

代数のルールに従って両辺を 0 で割る．

$$1 = x(0) \qquad (\text{A2.1})$$

しかし，どんな数であれ 0 を掛ければ答えは 0 になるから，式は 1 = 0 となる．明らかにこれは間違いだ．

なかには「0/0 はどうなんだ？ 同じ手順をたどっても間違いにはならないじゃないか」という人もいるだろう．しかし実際には，別の間違いがあるのだ．この場合，式 (A2.1) は $0 = x(0)$ となる．これは $x = 1$ や $x = 2$ のときだけでなく，<u>あら</u>

ゆる x の値にあてはまる．だからこの場合，0/0 はどんな値にもなりうるという，さらにおかしな結果が導き出されてしまうのだ！　こうしたおかしな状況になるのを避けるために，私たち数学者は「ゼロで割ることは許されない」という断固たる態度をとっている（これはつまり「ゼロで割った答えは明確に定義されない」という意味だ）．

3. **(p.42, p.47)** 文献 [30] の表 3 には YLL と WHtR に関するデータが含まれている．これらをスプレッドシートに入力し，散布図のグラフにして，そのあとに「近似曲線を追加」すると，男性の YLL として次のような数式が得られる．

$$y_{男,30} = 616.67r^3 - 920r^2 + 467.83r - 81$$
$$y_{男,50} = 183.33r^3 - 180r^2 + 45.167r - 0.5 \quad (A2.2)$$
$$y_{男,70} = -83.33r^3 + 245r^2 - 188.67r + 43.5$$

女性の YLL は次のとおり．

$$y_{女,30} = 150r^3 - 175r^2 + 69r - 9.4$$
$$y_{女,50} = 116.67r^3 - 130r^2 + 48.33r - 6.4 \quad (A2.3)$$
$$y_{女,70} = 60r^2 - 58.4r + 14.21$$

（一つの事例を除き，三次多項式がデータに最もよく適合する．）

4. **(p.44)** 私自身を例にとり，式 (A2.2) と (A2.3) を使ってあらゆる年齢に応用できる数式をつくる方法を解説しよう．私は 32 歳の男性だから，私自身に合う YLL の数式は (A2.2) の 1 行目と 2 行目のあいだにある．この二つには 20 年の開きがあり，32 歳の私はその 20 年の範囲内に 2 年，つまり 10％だけ

付録2

入っている．私は50歳よりも30歳のほうに近いので，$y_{男,30}$ の割合をかなり大きくするというのが，妥当な推定になるだろう．以下に示したのは，そのように推定する方法の一つだ．

$$0.9 y_{男,30} + 0.1 y_{男,50} \qquad (\text{A2.4})$$

$y_{男,30}$ の値の90%に $y_{男,50}$ の値の10%を足す．これを計算するには，(A2.2)の1行目に0.9を掛け，(A2.2)の2行目に0.1を掛けた答えを足し合わせる．30歳を超えるどの年齢についても，同様の方法を使って自分に合うYLLの数式をつくることが可能だ．

付録 3

1. (p.54) 表3.1 によると，税率区分が 10% の場合の納税額は所得金額の 10% から 97,500 円を引いた金額になる．「所得金額の 10%」を数学的に表すと $0.1z$ だ．そこから 97,500 円を引くと，式(3.3)が得られる．

2. (p.59) まずパーセンテージの扱い方を簡単に復習しよう．一例として，食器用洗剤 1 本の価格が現在 300 円で，そこから 50% 上がったとすると，新しい価格は 300 円に，300 円の 50% を加えたものになる．

$$300\,\text{円} + (300\,\text{円})\left(\frac{50}{100}\right) = 450\,\text{円}$$

左辺の 300 円はくくり出せる．

$$300\,\text{円}\left(1 + \frac{50}{100}\right) = 450\,\text{円}$$

つまり，こういうことだ．

$$(\text{現在の価格})\left(1 + \frac{\text{増加率}}{100}\right) = \text{新しい価格}$$

この知識を 19 円のチーズバーガーに応用してみよう．価格の増加率を x% とすると，式は次のようになる．

付録3

$$19\left(1 + \frac{x}{100}\right) = 100$$

式を整理して x を求める．

$$1 + \frac{x}{100} = \frac{100}{19} \implies x = 100\left(\frac{100}{19} - 1\right) \approx 426.31$$

3. (p.61) この数式は最初，難しそうに見えるかもしれない．

$$19(1 + x)^{60} = 100$$

でも，目的は x を求めることなので，x に対してなされたすべての操作と逆の操作を行えばよい．一つひとつ説明していこう．x に対してなされたのは，1 を足し，その答えを60乗し，最後に19を掛けるという操作．その結果が100に等しいということだ．x を求めるには，これらと逆の操作を行えばよい．100 を 19 で割り，その結果を(1/60)乗して，最後に 1 を引く．数式で表すとこうなる．

a. これが最初の式： $19(1 + x)^{60} = 100$

b. 両辺を19で割る：$(1 + x)^{60} = \dfrac{100}{19}$

c. 次に，両辺を(1/60)乗する： $1 + x = \left(\dfrac{100}{19}\right)^{\frac{1}{60}}$

最後に 1 を引くとこうなる．

$$x = \left(\frac{100}{19}\right)^{\frac{1}{60}} - 1 \approx 0.0281$$

この小数をパーセントに換算すると，2.81％となる．

4. (p.64) 先ほどの 3 と似たような計算を行う．

$$27(1+x)^{70} = 855 \implies x = \left(\frac{855}{27}\right)^{\frac{1}{70}} - 1 \approx 0.0506$$

これをパーセントに換算すると，5.06％となる．

5. (p.65) 説明を簡単にするために，指数関数 $y = 2^x$ を見てみよう．x には好きな値を選んでいい．ここではその値を x_0 とする．それに対応する y の値（y_{initial} とする）は次のとおり．

$$y_{\text{initial}} = 2^{x_0}$$

x_0 が 1 単位だけ変化すると $x_0 + 1$ となり，対応する y の値は次のようになる．

$$y_{\text{initial}} = 2^{x_0+1}$$

しかし，指数の法則（付録 A を参照）によって以下のようになる．

$$2^{x_0+1} = 2^{x_0} 2^1$$

したがって

$$y_{\text{initial}} = 2^{x_0} 2^1 = 2 y_{\text{initial}}$$

言い換えると，x が 1 単位増えるたびに，指数関数 $y = 2x$ の底である 2 が y の値に掛けられるということだ．話を戻して $y = 2^x$ を $y = ab^x$ に置き換えると，同様の計算によって，この章に登場する b の意味がわかってくる．

付録 3

A		
x	$y=2x$	$y=2^x$
0	0	1
1	2	2
2	4	4
3	6	8
4	8	16
5	10	32

図 A3.1 (A) 一次関数 $y=2x$ と指数関数 $y=2^x$ のいくつかの値を示した表．(B) $y=2x$（実線の直線）と $y=2^x$（破線の曲線）のグラフ．

6. (p.65) 一次関数 $y=2x$ と指数関数 $y=2^x$ を比べてみよう．唯一の違いは変数 x の位置なのだが，同じ 2 でも一次関数の傾きか指数関数の底かで意味は異なり，x の位置によってずいぶん違いが出る．これを理解するには 図 A3.1A を見るといい．x の値が 1 上がるごとに，一次関数では（$y=2x$ の傾きが 2 なので）y の値が 2 ずつ加算されるが，指数関数では（$y=2^x$ の底が 2 なので）y の値が 2 倍ずつ増えている．これを繰り返していくとかなりの違いが出ることが，図 A3.1B からわかるだろう．

7. (p.65) 1 円を毎日 2 倍にしていくほうを選ぼう！　毎日 2 倍にする過程を指数関数で表すと，次のようになる．

$$y = 1 \times 2^x$$

初期値は 1 円で，毎日 2 倍ずつ増えていくので（x は 2 倍し始めた時点からの日数），30 日目にあなたが手にする金額は

……ドラムロールをお願い……これだ！

$$1 \times 2^{30} = 1{,}073{,}741{,}823 \text{ 円} \quad (\text{約 } 10.7 \text{ 億円})$$

1 億円を選ばないように助言したお返しに，「コンサルタント料」を私に送金してほしい．

8. (p.66) この式をつくるために，1 回目と 2 回目それぞれの返済が終わったあとのローン残高を計算して，式に含まれるパターンを見つけてみよう．

最初の報告書が届いたとき，利息として Lc が差し引かれている．これはローンの残高に 1 カ月の金利（小数で表す）を掛けた金額だ．この金額が元金(L)に加算される．しかし，毎月 M 円ずつ返済すると元金はその分だけ減るから，1 回目の返済を終えるとローン残高は次のようになる．

$$B_1 = L + Lc - M = L(1+c) - M$$

2 回目の返済のあとも同じことが起きる．この時点でのローン残高は次のとおりだ．

$$\begin{aligned}
B_2 &= B_1 + B_1 c - M \\
&= L(1+c) - M + \{L(1+c) - M\}c - M \\
&= L(1+c) + Lc(1+c) - M(1+c) - M \\
&= L(1+c)^2 - M\{(1+c) + 1\}
\end{aligned}$$

B_1 と B_2 を比べると，B_3 がどうなるかを次のように予測できる．

$$B_3 = L(1+c)^3 - M\{(1+c)^2 + (1+c) + 1\} \quad \text{(A3.1)}$$

これを証明するには B_2 の計算と同じ手順に従えばよい．ここ

付録3

で注目してほしいのは，L が含まれている項には常に，B の下付き文字と同じ数の累乗がなされた $(1+c)$ が掛けられていることだ．また M には，$(1+c)$ の累乗を足した式が掛けられている．B_3 の式に含まれている中かっこ内の式は，次のように簡略化することが可能だ．それを T_3 と呼ぼう．

$$T_3 = (1+c)^2 + (1+c) + 1$$

ここで一つ，コツを紹介しよう．T_3 に $(1+c)$ を掛け，それを $-T_3$ と比べてみる．

$$(1+c)T_3 = (1+c)^3 + (1+c)^2 + (1+c)$$
$$-T_3 = -(1+c)^2 - (1+c) - 1$$

注目してほしいのは，これら二つの式を足し合わせると次のようになることだ．

$$(1+c)T_3 - T_3 = (1+c)^3 - 1 \implies T_3 = \frac{(1+c)^3 - 1}{c}$$

幾何級数を学んだことがある読者なら，このコツを知っているかもしれない．式 (A3.1) にこれを用いると，次の式が得られる．

$$B_3 = L(1+c)^3 - M\left\{\frac{(1+c)^3 - 1}{c}\right\}$$

したがって，n 回目の返済を終えるとローン残高はこうなる．

$$B_n = L(1+c)^n - M\left\{\frac{(1+c)^n - 1}{c}\right\}$$

n 回目の返済を終えるとローンは完済するという前提なので，$B_n = 0$ とする．

$$L(1+c)^n = M\left\{\frac{(1+c)^n - 1}{c}\right\} \implies M = \frac{Lc(1+c)^n}{(1+c)^n - 1}$$

最後に，この式の分母と分子を $(1+c)^n$ で割ると，式 (3.10) の完成だ．

9. (p.67) ここでは $L = 10{,}000{,}000$ および $r = 6$（この場合 $c = 6/1200 = 0.005$ となる）なので，M の値は次のようになる．

$$M = \frac{(10{,}000{,}000)(0.005)}{1 - (1+0.005)^{-360}} \approx 60{,}000$$

10. (p.68) 住宅を所有するにあたって，新たに発生する経費でとりわけ大きいのは，固定資産税と住宅ローン保険，住宅総合保険だ．これらはすべて，住宅価格のパーセンテージとして表すことができる．これらの年間の経費を求め，それぞれを住宅価格のパーセンテージで表して，それらの和を y（小数形式）としよう．それまで払っていた毎月の家賃 P で，住宅ローン〔毎月の返済額は式 (3.10) から求める〕と毎月発生する新たな経費 $yL/12$ を払うことになる．

$$P = \frac{Lc}{1 - (1+c)^{-n}} + \frac{yL}{12} = L\left\{\frac{c}{1 - (1+c)^{-n}} + \frac{y}{12}\right\} \quad \text{(A3.2)}$$

本編では，ここで含めた追加の経費を無視して，家賃 P をすべて住宅ローンの返済に充てることにしていた．もともと住宅に充てられるコストを L_{orig} とすると，式 (3.11) から次のよ

うなことがわかる.

$$L_{\text{orig}} = \frac{P\{1-(1+c)^{-n}\}}{c} \implies P = \frac{L_{\text{orig}}c}{1-(1+c)^{-n}}$$

これを式(A3.2)の左辺に代入する.

$$\frac{L_{\text{orig}}c}{1-(1+c)^{-n}} = L\left\{\frac{c}{1-(1+c)^{-n}} + \frac{y}{12}\right\}$$

ここから L を求めて式を整理する.

$$L = \frac{L_{\text{orig}}}{1+y\left\{\dfrac{1-(1+c)^{-360}}{12c}\right\}} \tag{A3.3}$$

この新しい数式から,購入できる住宅の価格は,住宅の所有に伴って発生する追加の経費分だけ下がることがわかる(L_{orig} を1より大きな数で割っているので).一例として,毎月10万円の家賃を払っていた人が年利4%の住宅ローンを組むことを考えてみよう.経費を無視した場合,ローンの総額は式(3.11)を用いると $L_{\text{orig}} \approx 20{,}946{,}100$ 円となる.ここで,住宅価格の2%が年間の追加の経費だとすると,$y = 0.02$ となり,式(A3.3)から $L \approx 15{,}526{,}000$ 円という結果が得られる.購入できる住宅の価格がおよそ26%下がったということだ.

最後にもう一つ伝えておきたい.ここでは y を3種類の経費の和と考えているものの,住宅の所有に伴って発生するすべての経費(造園なども含めた経費)の和と考えてもよい.住宅価格のパーセンテージとして表すことができる.

11. (p.69) 手順は次のとおり．

a. これが最初の式： $\quad M = \dfrac{Lc}{1-(1+c)^{-n}}$

b. 両辺に $1-(1+c)^{-n}$ を掛ける： $M\{1-(1+c)^{-n}\} = Lc$

c. M を分配する： $\quad M - M(1+c)^{-n} = Lc$

d. n を含んだ項だけを右辺に置く： $M - Lc = (1+c)^{-n}$

e. M で割る： $\quad \dfrac{M-Lc}{M} = (1+c)^{-n}$

f. 最後に両辺の逆数をとる： $\quad \dfrac{M}{M-Lc} = (1+c)^{n}$

12. (p.70) 式 (3.13) の関係を説明するために，まず $y = b^x$ という式の両辺を，b を底として対数をとる．

$$\log_b y = \log_b (b^x)$$

ここで対数の二つの性質，$\log_b b^x = x \log_b b$ と $\log_b b = 1$ を利用する．

$$\log_b y = x$$

言い換えれば，底が b の対数を使って，$y = b^x$ の x を求められるということだ．$\log x$ の形にするためには，「<u>底の変換</u>公式」を利用できる．

$$\log_b y = \frac{\log_a y}{\log_a b}$$

ここで $a = 10$ とする．

付録 3

$$\log_b y = \frac{\log_{10} y}{\log_{10} b} = \frac{\log y}{\log b}$$

これは式 (3.13) の右側の式と一致する．

13. (p.70) 以下の式 (3.12) について見ていこう．

$$(1+c)^n = \frac{M}{M-Lc}$$

この式は次のような形式で表すことができる．

$$y = b^n, \quad \text{ここで} y = \frac{M}{M-Lc} \text{ および } b = 1+c$$

これに式 (3.13) の関係を適用して，y と b をそれぞれ上のものに置き換えると，式 (3.14) の完成だ．

14. (p.72) 私が気に入っているグラフ作成サイトは wolframalpha (https://ja.wolframalpha.com/) と desmos.com の二つだ．たとえば wolframalpha のサイトで，次のように入力してみよう．

plot $y = \log(x/(x-10))/\log(1.01)$ $x = 20 \sim x = 100$

上記のとおりに入力すると，図 3.3A のグラフが得られる．desmos.com では，関数を入力し始めると，それに応じて書式を補完してくれる．たとえば「log (」と入力すると「)」が自動的に表示される．desmos.com で関数を入力し終えたあと，表示を縮小しないとグラフが見えないことがある．このサイ

トの利点の一つは画面上でさまざまな操作ができるところだ．拡大・縮小や座標の移動に加え，曲線の好きな点をクリックすると座標が表示される機能もある．

15. (p.72) できるだけ簡単に説明するために，次のように考えてみよう．毎月の最低限の返済額よりも多く返済すると，その金額に対してかかる利息を節約できる．たとえば，毎月の金利が1%（年利が12%）のカードローンで今月1万円多く返済すると，翌月のローン残高が1万100円減る．これはタイプミスではない．余分に返済した1万円に加えて，その1万円に対してかかるはずだった利息（1万円の1%，つまり100円）も減るのだ．したがって，支払う利息をできるだけ減らすには，金利が最も高いカードローンの返済を繰り上げるのがよい．

16. (p.76) 毎年 S 円を貯蓄し，その貯蓄に対する年利が r %である場合，t 年後の貯蓄額は次のように算出できる．

$$S = \left\{\frac{(1+r)^t - 1}{r}\right\}, \quad r は小数で表す \qquad (A3.4)$$

ここで，もともと B 円の預金があったとしよう．3.2.1項で学んだ知識を用いると，その B 円に対しても r %の年利が t 年間かかっているから，利息を合わせた額は次のようになる．

$$B(1+r)^t, \quad r は小数で表す \qquad (A3.5)$$

したがって，t 年間で合計の貯蓄額は次のようになる．

付録3

$$N_t = S\left\{\frac{(1+r)^t - 1}{r}\right\} + B(1+r)^t$$

あとは $T = 0.04 N_t$ を解くだけだ．今回のケースをあてはめるとこうなる．

$$T = 0.04\left[S\left\{\frac{(1+r)^t - 1}{r}\right\} + B(1+r)^t\right]$$

解く手順は次のとおり．

a. これが最初の数式：$T = 0.04\left[S\left\{\dfrac{(1+r)^t - 1}{r}\right\} + B(1+r)^t\right]$

b. 両辺を 0.04 で割る：$25T = S\left\{\dfrac{(1+r)^t - 1}{r}\right\} + B(1+r)^t$

c. 両辺に r を掛ける：　$25Tr = S\{(1+r)^t - 1\} + Br(1+r)^t$

d. S を分配する：　　　$25Tr = S(1+r)^t - S + Br(1+r)^t$

e. $(1+r)^t$ でくくる：　$25Tr = (S + Br)(1+r)^t - S$

f. 両辺に S を加える：　$25Tr + S = (S + Br)(1+r)^t$

g. 両辺を $S + Br$ で割る：$\dfrac{25Tr + S}{S + Br} = (1+r)^t$

式(3.13)から，次のように書き換えられる．

$$t = \frac{\log\left(\dfrac{25Tr + S}{S + Br}\right)}{\log(1+r)} \quad (A3.6)$$

ここで分子のかっこ内の項に着目してみよう．分子と分母をそれぞれ T で割る．

付録3

$$\frac{\dfrac{25Tr + S}{T}}{\dfrac{S + Br}{T}} = \dfrac{25r + \dfrac{S}{T}}{\dfrac{S}{T} + \dfrac{Br}{T}} = \dfrac{25r + \text{STE}}{\text{STE} + \dfrac{Br}{T}}$$

式 (A3.6) の分子のかっこ内にある項を，この新しい分数に置き換えると，式(3.17)が得られる．

17. (p.77) 式(3.16)は合計の必要経費を表すので，総収入 G は合計の必要経費と貯蓄額の和になる．

$$G = T + S$$

両辺を G で割る．

$$1 = \frac{T}{G} + \frac{S}{G} \tag{A3.7}$$

S/G は<u>貯蓄のパーセンテージ</u>（総収入のうち毎年貯金している割合），T/G は<u>必要経費のパーセンテージ</u>だ．

STE の比率を STE $= S/T$ という式で表した．この分数の分母と分子を G で割ると，次のような式が得られる．

$$\text{STE} = \frac{\dfrac{S}{G}}{\dfrac{T}{G}} = \frac{\dfrac{S}{G}}{1 - \dfrac{S}{G}} \tag{A3.8}$$

最後の数式は式 (A3.7) を使って導いた．たとえば，総収入の20%を貯金するとSTEの比率はこうなる．

$$\text{STE} = \frac{0.2}{1 - 0.2} = 0.25$$

また，式(A3.8)を使って，STE の比率から貯蓄のパーセンテージを求めることもできる．式を次のように書き換える．

$$\text{STE}\left(1 - \frac{S}{G}\right) = \frac{S}{G} \implies \frac{S}{G} = \frac{\text{STE}}{1 + \text{STE}} \qquad (A3.9)$$

たとえば，STE の比率が 2 である場合（支出の 2 倍の額を貯金している場合），式(A3.9)から貯蓄のパーセンテージを求めるとこうなる．

$$\frac{S}{G} = \frac{2}{1 + 2} = \frac{2}{3} = 66\%$$

付録4

1. (p.85) この経験則は，税引き後のリターンが，ローンを返済することで支払わずに済む利息の額よりも多い場合にだけ投資すべきという見解にもとづいている．投資による利益の15％が税金として差し引かれるとすると，投資のリターンはローンの年利をおよそ18％上回らなければならない．

   投資のリターン $\geq$ 1.18（ローンの年利）

   （本編では1.18を丸めて1.2としている）

2. (p.95) 投資にかかわる用語の解説を以下に示す．
   - **IPO**：新規株式公開．これにかかわる文書には，その企業が公開する株式の数や，株式が売り出される証券取引所（ニューヨーク証券取引所など），株式が最初にいくらで売り出されるか，株式が売り出される日付など，株式公募の詳細が記載されている．
   - **配当**：企業の利益から投資家に定期的に支払われるお金．
   - **社債**：企業が発行する債券．社債を買った投資家は特定の日（満期日）まで企業にお金を貸しているということだ．満期を迎えると，最初に投資したお金が払い戻される（これはその企業が債務不履行に陥らなかった場合で，次の項目も参照してほしい）．そのほかに，利息が満期日まで毎年（あるいは毎四半期や毎月）投資家に支払われる．
   - **デフォルト**（債務不履行）：企業（あるいは国や地方自治体など，債券を発行する組織）が期日までに債券所有者に債券の

全額を返済できないこと．
- **格下げ**：格付け機関は債券の発行者がデフォルトに陥るリスクの大きさに応じて，債券を格付けする．「格下げ」とは，デフォルトのリスクが高まったことを意味する．
- **証券会社**：投資家に代わって証券の売買を行う金融機関．たいていの証券会社は取引ごとに手数料を取ることを心に留めておきたい．
- **S&P 500**：1957 年に設けられた株式市場指数で，アメリカの上場企業の上位 500 社が含まれる．
- **国債**：各国の財務当局（日本では財務省）が発行した債券．

付録 5

1. (p.111) このサイトでは,ボストンの人口(2013年時点)を $P = 645{,}966$,そのおよそ52%が女性 ($S = 0.52$) としている.ここでは話を簡単にするため,好みの年齢層を30〜40歳とする.同サイトに掲載された別の表を使って計算すると,ボストンにはおよそ335,902人の女性がいて,そのおよそ15%が30〜40歳だ(したがって $A = 0.15$).同サイトには,25歳以上のボストン市民のうち23.4%が学士号をもっていて($E = 0.234$),54.2%が未婚だという情報も載っている.ここでは,そのうち誰かとデートする気がある人の数を半分だけ($D = 0.271$)とした.最後に,残った女性のうち私がデートしたいと思うのは1/3($H_1 = 0.33$),その1/3が私とのデートに応じる($H_2 = 0.33$)と想定した.したがって,最終的に得られる人数は次のとおり.

$N = 645{,}966 \times 0.52 \times 0.15 \times 0.234 \times 0.271 \times 0.33 \times 0.33$
≈ 350

2. (p.121) 全員が相手を見つけられることの証明はこうだ.もしこれが間違いだとしたら,相手のいない人が少なくとも2人出てくる.その人たちを,ここではラリーとローラと呼ぼう.ローラは誰からもプロポーズされていないということになるが,実際にはそれはありえない.ローラはラリーのリストに載っているからだ.メアリーのルールに従えば,ラリーはプロポーズしていない女性にプロポーズし続けなければならな

いから，いつかはローラにプロポーズすることになる．メアリーのもう一つのルールでは，自分が受けたプロポーズが一つだけの場合はそれを受け入れなければならないので，ローラは必ずプロポーズを受け入れることになる．

3. (p.123) 男性はリストで最高位の人から順にプロポーズしていくので，最終的に最良な相手といっしょになれる．一方，女性はよりよい相手を選ぶしかないので，実際には最低の人から最高の人へという順に選んでいくことになる．

付録6

1. (p.131) 第3章で学んだことを思い出すと，$y = ab^x$ ($b > 0$ かつ $b \neq 1$) というのが指数関数の一般的な形式だ．こうした関数はどれも，$y = ae^{rx}$ という形式に書き換えることができる．r は**連続増加率**（$r > 0$ の場合）や**減衰率**（$r < 0$ の場合）と呼ばれ，e はおよそ 2.71 で，オイラーの定数だ（5.2 節で説明した）[*1]．

   y の瞬間変化率を理解するために，微分積分学の二つの柱の一つである導関数について簡単に解説したい．

   「瞬間変化率」という言葉は数学的にはやっかいだ．何かが瞬間的に変化するとはどういうことなのか？ だから，数学者たちはこうすることに決めた．まず，きわめて短い区間でどのように変化するかを記述し（これは**平均変化率**と呼ばれる），次に，その式で区間の間隔をゼロにまで縮められるかどうかを確かめる．何も問題がなければ，その結果を**導関数**と呼び，瞬間変化率として利用する．ここからは，今回の事例に導関数をどのように適用するかを見ていこう．

   まず，x の値を示すために y に下付き文字を追加して，$y_x = ae^{rx}$ とする．ここで，x の値を h だけ増やした場合に y_x がどうなるかを見ていこう（h は正で，0.000001 のようにきわめて小さい数と考える）．

$$y_{x+h} = ae^{r(x+h)} = ae^{rx+rh} = ae^{rx}e^{rh}$$

[*1] $b = e^r$ とすると，二つの式が同じになることに着目してほしい．式 (3.13) の関係を使うと，これは $r = \dfrac{\log b}{\log e}$ であることを暗に示している．

x の値を h だけ増やすと，y の値が y_x から y_{x+h} に変わる．待てよ，これは直線の傾きに対する解釈に似ているではないか！（第 1 章の最初の数ページに書かれていたことを思い出してほしい）．直線の傾きを計算するには，y の変化と x の変化の割合を求める．今回のケースにあてはめてみよう．

$$\frac{y \text{の変化}}{x \text{の変化}} = \frac{y_{x+h} - y_x}{(x+h) - x} = \frac{ae^{rx}e^{rh} - ae^{rx}}{(x+h) - x}$$

2 番目と 3 番目の式を整理すると，こうなる．

$$\frac{y_{x+h} - y_x}{h} = ae^{rx}\left(\frac{e^{rh} - 1}{h}\right) \qquad (A6.1)$$

左辺が示しているのは，関数 $y = ae^{rx}$ の，x から $x+h$ の区間の平均変化率だ．

さあ，ここからが楽しいところ．式 (A6.1) の右辺で h をゼロに限りなく近づけたときに，何か問題が起きるだろうか？何も問題が起きない場合，式 (A6.1) の左辺を y'_x（y_x の導関数を示す表記）に，右辺を「ほぼ $h = 0$」を表す何かに計算して置き換える．残念ながら，その計算には微分積分学の知識がもっと必要で，ここでは紙幅の関係で説明しきれない（具体的には**極限**と呼ばれるものだ）．だからここでは，どんな計算なのかの概略だけを説明したい．

まず，瞬間変化率をとらえるには，h をできる限り小さくする必要がある．h は分母であり，ゼロでは割れないので，h をゼロにすることはできない．だから「友達」の助けを借りる．今回助けてもらうのは wolframalpha だ．このサイトにアクセスして，次の文字列を入力する．

plot y = (e^(5h) − 1)/h from y = 0 to 10   (A6.2)

　表示されたグラフを見ると，hが限りなくゼロに近づいたときのyの値は5だ．式 (A6.2) の5を0〜10までのほかの数字に変えても，同じようになる．その選んだ数字が，hが限りなくゼロに近づいたときのyの値になるのだ．ここで，式 (A6.1) のかっこ内の分数を再び見てみよう．式 (A6.2) の5が式 (A6.1) のrにあたることがわかるだろうか．したがって，次のように考えるのが妥当だ．

$$h \text{ が限りなく 0 に近づいたとき } \quad \frac{e^{rh} - 1}{h} \approx r$$

　式 (A6.1) の右辺は，おおよそ$ae^{rx}(r)$であるということだ．しかし，ae^{rx}は単にy_xなので，さらにry_xと簡略化できる．hを限りなくゼロに近づけてもなんら問題ないので，次のように推定できる．

$$y'_x = ry_x$$

　ここで知識のお持ち帰り．ある量が指数関数（ここではy_x）によって記述できれば，その瞬間変化率は，その指数関数の連続増加率や減衰率(r)に関数(y_x)のy値を掛けた値に等しい．

2. (p.132) 平衡状態とは気持ちが変わらない状態を指しているので，これを見つけるために，式 (6.3a) と (6.3b) でx'とy'（気持ちの変化を表す）をゼロにする．そうすると，次のような二つの式が得られる．

$$y = \frac{g(A_y) + R_x(y)}{d_y}, \quad x = \frac{f(A_x) + R_y(x)}{d_x}$$

文献 [55] の著者たちは,関数 f, g, R_x, R_y に現実的な前提条件を使用して,これらの式が一つか三つの点を満たすことを示した.前者では,点は x と y が正の数である(安定したカップルの場合).後者では三つの点のうち二つで x と y が負,もう一つでは x と y が正となる.これは不安定なカップルに相当する.

3. (p.134) 文献 [55] の著者たちは,式 (6.3) を,それぞれ 1 人の男性と 1 人の女性からなる $2N$ 組のカップルの設定にまで広げた.そして,同じ魅力をもった女性(あるいは男性)はいないと見なせば,魅力度が n 番目の女性と n 番目の男性がカップルの場合にのみ関係が安定することを示した(魅力度は同じ性別のなかでの比較).安定結婚問題に対するこの解決策が,GS アルゴリズム(5.3 節参照)とどのような関係があるのかと,疑問に思った読者もいるだろう.これら二つに数学的な関係があるかどうかは私にもわからないが(こうして数学の研究課題が浮かび上がってくる),「相対的な魅力度が同じカップル」が安定するというのは直感的には妥当なように思える.

4. (p.137) x と z は $0 \sim 50000$ の値をとるので,$Y(x)$ の範囲は $0 \sim 10$,$P(z)$ の範囲は $0 \sim 8$ となる.これは第 1 の前提条件を証明している.第 2 の前提条件は,$Y(x)$ の傾きが $P(z)$ の傾きよりも大きいという事実から生じたものだ.また,$x = 0$ または $z = 0$ のとき(これで第 3 の前提条件を満たす),どち

らの関数の y 値も 0 になる．したがって，$x = 50000$ ならば $Y = 10$ であり，$z = 50000$ ならば $P = 8$ である（これは最後の前提条件を証明している）．

5. (p.138) 式(6.4)と式(6.5)から，$P(z)$ を x の式として書くことができる．

$$P(x) = \frac{8}{50000}(50000 - x) = 8 - \frac{8}{50000}x$$

式(6.4)から $x = \dfrac{50000\,Y}{10}$ なので，P を Y と関連づけられる．

$$P = 8 - \frac{8}{50000}\frac{50000\,Y}{10} = 8 - \frac{8}{10}Y$$

ここで積 $(Y-3)(P-4)$ を変数 N とする（天才数学者ナッシュの N）．前述の関係式から，次のような式が得られる．

$$\begin{aligned}
N &= (Y-3)(P-4) \\
&= (Y-3)\left(8 - \frac{8}{10}Y - 4\right) \\
&= (Y-3)(4 - 0.8Y) \\
&= -0.8Y^2 + 6.4Y - 12
\end{aligned} \tag{A6.3}$$

二次項の係数が負（-0.8）なので，N のグラフは下に開いた放物線となる（図 A6.1 参照）．これはつまり，最大値があるということなので都合がよい．最大値は関数がゼロの点（N がゼロになる Y 値）どうしの中間地点に位置している．式（A6.3）から，$Y = 3$ か $Y = 4/0.8 = 5$ のときに $N = 0$ となることがわかる（図 A6.1 からもわかる）．したがって，最大値は $Y =$

付録6

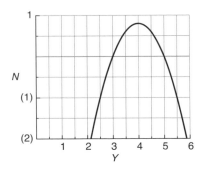

図 A6.1 二次関数 $N = -0.8Y^2 + 6.4Y - 12$ のグラフ.

4（3と5の中間地点）のときだ．式(6.4)と式(6.5)から，xとzの値は次のようになる．

$$x = 20000, \quad z = 30000$$

6. (p.139) 5万円を分けるときと同じ過程をたどるが，ここでは，ある量の総量 T を分けると考える．あなたの取り分を x，パートナーの取り分を z とすると，制約条件は次のようになる．

$$x + z = T \tag{A6.4}$$

ここで再び，幸福度の指標として 0 〜 10 までのスケールを使い，一次の効用関数を前提とする．

$$Y(x) = \frac{M}{T}x, \qquad P(z) = \frac{N}{T}z \tag{A6.5}$$

簡単な確認として，あなたが T をすべて手に入れる場合（$x = T$）を考えると，最初の式から $Y = M$ であることがわかる.

したがって，M があなたの得られる最高の幸福度だ．同様に，N はパートナーが得られる最高の幸福度となる．

ここで式 (A6.4) から z を求め，その解を式 (A6.5) の $P(z)$ の式に代入する．

$$P(x) = \frac{N}{T}(T - x) = N - \frac{N}{T}x \tag{A6.6}$$

式 (A6.5) にある $Y(x)$ の方程式を解いて x を求めると，$x = TY/M$ となる．これを式 (A6.6) に代入する．

$$P = N - \frac{N}{T}\frac{TY}{M} = N - \frac{N}{M}Y \tag{A6.7}$$

これは，あなたとパートナーの効用関数に関係があることを示している．

次に，ナッシュ積に移ろう．ここでは H とする（N はすでに使われているので）．

$$H = (Y - Y_d)(P - P_d)$$

式 (A6.7) を代入する．

$$H = (Y - Y_d)\left(N - \frac{N}{M}Y - P_d\right) \tag{A6.8}$$

これを掛け合わせると，Y の二次関数が得られる．さらに，二次項の係数が $-N/M$ と負であるので，式 (A6.8) のグラフは（図 A6.1 のように）下に開いた放物線となる．最大値を求める前述の手順に従って，まず H がゼロになる点を求める．

付録6

$$Y = Y_d, \qquad N - \frac{N}{M}Y - P_d = 0$$

二つ目の方程式を解くと次の式が得られる．

$$Y = \frac{M}{N}(N - P_d) = M - \frac{M}{N}P_d$$

最後に，これと $Y = Y_d$ を利用して，最大値の位置を求める．

$$Y_{\max} = \frac{1}{2}\left(Y_d + M - \frac{M}{N}P_d\right)$$

右辺を M でくくって整理する．

$$Y_{\max} = \frac{M}{2}\left(1 + \frac{Y_d}{M} - \frac{P_d}{N}\right) \tag{A6.9}$$

これがあなたの効用関数だが，T のうちのあなたの取り分は $x = TY/M$ という前述の関係を使って求める．式(A6.9)にあてはめると〔式(A6.9)に T/M を掛ける操作に等しい〕，式(6.7a)が得られる．この結果を $z = T - x$ に代入すると，式(6.7b)となる．

7. (p.139) $Y_d = P_d$ で，どちらもゼロでないならば，式(6.7b)はこのように簡略化できる．

$$z = \frac{T}{2}\left\{1 + P_d\left(\frac{1}{N} - \frac{1}{M}\right)\right\} = \frac{T}{2}\left\{1 + P_d\left(\frac{M-N}{MN}\right)\right\}$$

$T/2$ を分配する．

$$z = \frac{T}{2} + (M - N)\frac{P_d T}{2MN}$$

$N > M$ であるという前提なので,第 2 項の $(M - N)$ は負となる.つまり,z は $T/2$ から正の数を<u>引いた</u>ものということだ.言い換えると,パートナーの取り分は T の半分に満たず,あなた(T の半分以上を手に入れる)よりも少なくなる.

8. (p.140) $M = N$ の場合,式 (6.7a) はこうなる.

$$x = \frac{T}{2}\left\{1 + \frac{1}{M}(Y_d - P_d)\right\}$$

前と同じように,$T/2$ を分配する.

$$x = \frac{T}{2} + (Y_d - P_d)\frac{T}{2M}$$

$Y_d > P_d$ ならば,第 2 項は正であり,x は $T/2$ よりも大きいということになる.したがって,あなたの取り分は T の半分を超える.一方,$P_d > Y_d$ ならば,第 2 項が<u>負</u>になるので,あなたの取り分は T の半分に<u>満たない</u>.

結びに代えて

　おめでとう！　ようやくこの本の最後までたどり着いた．ここまで読んでくれた人に感謝したい．たくさんの話題や数学の応用例を取り上げたにもかかわらず，最後まで粘り強くついてきてくれてうれしい．頭を使う難しいパートはこれでおしまいだ．ここからは数式を示して読者のみなさんを戸惑わせることはないし，さらに数学的な概念を紹介することもない．とはいえ，私からみなさんへの贈り物をすてきなリボンで飾りたいと思う．

　この本では，数学がいかに役立つかをわかりやすく説明するのが大きな目標であり，そのために健康やお金，恋愛といった，誰もが関心のある具体的な事例を紹介した．ここで私がいう「数学」とは，微分積分学よりも前に習う数学を指す．それをこの本で扱う数学レベルの上限に設定したのは，微分積分学よりも前に習う分野（代数，幾何，関数，確率など）は高校で何年かかけて勉強するものだからだ．高校で勉強したことなんて全然覚えていないという読者に対しても，解説のなかでその要点をていねいに伝えられたのではないかと思う．

　ここでは，鳥になったつもりでこれまでの冒険を上から見渡してみたい．まず伝えたいのは，「微分積分学以前の数学だけでこれだけのことができたなんて，すごくない？」ということだ．GSアルゴリズムや，経済的自由までの年数を求める数式といった，説得力のある結果を導き出したではないか．それが本書で伝えたかったことの一つ，<u>数学は説得力がある</u>ということだ．

　ほかにも，特定のトピックがさまざまな状況で現れることにも気づいただろうか．一例をあげると，ここまで見てきたように，

結びに代えて

学校で学んだ一次関数は食事や税金,幸福などあらゆる話題に登場するのだが,どれも同じ $y = mx + b$ という形式にもかかわらず,その意味するところがそれぞれ違う.この事例は本書でもう一つ伝えたかった数学は普遍的であるということを示している.同じ数式や結果をさまざまな状況にあてはめられるのだ.

微分積分学以前という制約のなかでも,高度な数学を使えばもっと複雑な現象を記述できることもわかった(第5章や第6章がその例だ).これは,利用する数学のレベルが高いほど,その結果がもつ力が大きくなるという,数学の一般的な特徴を示している(これもまた,数学をもっと勉強するよい理由だ).物理学の例をいくつかあげてみよう.ガリレオは多項式(代数で習う)を使って地球の動きを記述したし(当時としてはかなりの偉業),ニュートンは微分積分学を使って宇宙全体の物体の動きを記述して「運動の法則」を導き出した(すごい!).アインシュタインは多変数の微分積分学や微分方程式,微分幾何学といった数学を利用してニュートンの一枚上をいき,重力の本当のしくみを記述しただけでなく,ブラックホールを予測したり,宇宙がどうやって始まったか(そして終わるのか)を記述したり,さらにはタイムトラベルが可能であることを証明したりしたのだ(超すごい!).

こうした事例を知って私と同じように「すごい」と思ったら,その気持ちをほかの人に伝えてくれたらうれしい.数学を通じたよい経験をほかの人と共有してほしい.そうしてくれる人は少ないし(数学を通じた悪い経験を共有する人は多いのだが),それは数学教育の国際的なランキングから,一人ひとりが数学を恐れる気持ちまで,あらゆることに表れている.数学には勉強する価値があるのだと,ほかの人たち,とりわけ子どもたちを納得させる手助けをしてほしい.数学は楽しい,数学は本当に役立つ,そして,

結びに代えて

イメージに反して<u>数学は誰もが理解できる</u>のだということを，もっと多くの人に知ってほしいのだ．

　この本を楽しんでいただけただろうか．これまでに書いたことを考え合わせると，一つのシンプルな結論にたどり着く．それは「<u>数学をもっと勉強しよう！</u>」だ．この本を読んでくれたあなたは，よいスタートを切った．数学に関する本を手に取り，読み，数学について考えたではないか．なかには理解できなかったものもあるかもしれないが（もしすべて理解できたという人がいたら，ほかの人に数学を教えてほしい！），粘り強く読んでいけば，数学はほかのものからは得られない知見をもたらしてくれる．数学には，実用的であると同時に美しく，驚くべき応用例や側面がほかにもたくさんある．ここまで来たら，やってほしいのは，数学への興味を保ち続けること．その興味がこれからもずっと続くことを願ってやまない．

　　　　　　　　　　　　　　——オスカー・E・フェルナンデス

謝　辞

　この本をつくるうえで欠かせなかったのは，プリンストン大学出版局の編集者ビッキー・カーンとそのチームの存在だ．本書を出版するうえで，ビッキーのサポートと激励，そして彼女のチームの多大なる尽力なくしては，アイデアは私の頭のなかでとっちらかったまま，形にならなかっただろう．本書の内容をチェックしてくれた人たちにも感謝したい．草稿を丹念に読み，すばらしいフィードバックをいただいた．

　私の妻ゾライダにも礼をいいたい．あるときは編集者や校正者，またあるときは数学に詳しくない一読者として手を貸してくれたおかげで，数学が苦手な人にも（願わくは）わかりやすい本をつくることができた．私が考えを紙にまとめているときに，長い時間ずっと付き合ってくれたのも大きな助けになった．

　最後に，読者のみなさんにも感謝したい．どれだけよい本を書いても，それを読んでくれる人がいなければ何も変わらない．読んでくれた人がいるという事実が，この本に携わった人たちの尽力が報われたことを証明している．ありがとう．

訳者あとがき

　著者のオスカー・E・フェルナンデスさんがすてきなリボンで結んでくれた贈り物に，さらに何かを付け加えるのは無粋でしかないのですが，アメリカにいる著者に代わって，日本の読者に訳書を送り届ける者として，フェルナンデスさんがこの本に込めた思いを代弁しておきます．

　この本を手に取ってくださったみなさんは最初，どのような点に興味をもったのでしょうか？　長生きの秘訣を知りたいから？　借金生活から早く抜け出したいから？　生涯のパートナーを見つけたいから？　それとも，数学や数式という言葉に引かれたからでしょうか？

　「結びに代えて」にあるように，著者がこの本を書いた目的は「数学がいかに役立つかをわかりやすく説明する」ことです．すでに本編を読んでくださった方ならお気づきだと思いますが，随所に数学のすごさを力説する言葉が盛り込まれています．そのすごさを伝えるために使われているのが，健康やお金，恋愛といった，誰もが関心のあるテーマだというわけです．

　数学のすごさを伝えるのが目的ということは，この本は長生きや借金解消，恋愛には直接役に立たないのでしょうか．いえいえ，決してそんなことはありません．この本が実生活にどのように役立つのかを紹介するために，一例として，訳者自身の経験を書いておきます．

　訳者はこれまで食べ物のカロリーのことを，あまり気にしたことがありませんでした．食事で何を食べるかを決めるとき，たとえば「エネルギー密度が高いから，加工食品はやめておこう」など

訳者あとがき

と考えることはなかったのです．でも，この本を訳したことがきっかけでカロリーに興味をもち，スマートフォンにアプリを入れて，食事のカロリーを記録するようになりました．その記録をチェックして，摂取カロリーが1日の消費カロリーを大きく上回らないように日々気をつけています．加工食品や脂肪分の多い食事をとったときには，第2章に書かれているとおり，本当に摂取カロリーが急上昇するので，そのたびに愕然としています．

カロリーのほかにも，1.3節で紹介されている式 (1.6) で自分の最大心拍数を計算してみました．それまで，週末にランニングするときには，走る距離とかタイムばかりを気にして，心拍数のことは考えたことがありませんでした．でも，走っているときに実際に測ってみたら，心拍数が最大に近いところまで上昇していることがわかりました．こんなことを続けていると，かえって体を壊してしまうと思い，今は最大心拍数を十分に下回るように気をつけています．

このように自分の体に気を配るようになったのも，カロリーや最大心拍数について数式を使って説明してくれたこの本のおかげです．数学は，やっぱりすごい！

数学愛にあふれた著者のオスカー・E・フェルナンデスさんは，キューバ移民の両親のもと，アメリカ・フロリダ州マイアミで育ちました．著者のホームページによると，「ビーチと，キューバの食べ物や音楽，文化が自分のDNAに刻み込まれている」そうです．シカゴ大学を卒業後，ミシガン大学で博士号を取得．2011年からマサチューセッツ州のウェルズリー大学に在籍し，現在，数学科の准教授を務めています．

フェルナンデスさんは力学系（第6章で恋愛のアドバイスをくれましたね）の一分野を研究しながら，数学教育にも情熱を注い

訳者あとがき

でいて，前著『微分，積分，いい気分。』(岩波書店)でも数学の魅力を楽しく伝えています．このように，フェルナンデスさんが教育や一般向け書籍の執筆にも力を入れている背景には，数学を学ぶ学生，とりわけマイノリティー（少数派）とされている学生たちを増やしたいという強い思いがあるようです．

その思いは「数学は勉強する価値があるのだと，ほかの人たち，とりわけ子どもたちを納得させる手助けをしてほしい」という，「結びに代えて」の言葉に表れています．

数学は私たちの身の回りにあふれています．カロリーを計算するアプリを動かしているのも数学ですし，スマートフォンをはじめ，あらゆる工業製品の設計や製造にも数学は欠かせません．鉄道の運行を管理しているシステムも，人工知能も，数学を使わなければ構築できません．読者のみなさんも数学に興味をもったら，人類の未来のためにも，数学の魅力を子どもたちに伝えてくれたらうれしいです．それと，著者も書いていることですが，この本を読んで自分の暮らしを大きく変えたいと思ったら，身近にいる専門家にまずは相談してください．

翻訳にあたっては，長さや重さ，通貨の単位を日本向けに変換する必要があるため，一部の数式を書き換えたほか，第3章では日本の所得税のしくみに合わせて表や説明，数式を変更しました．こうした作業には，化学同人編集部の後藤南さんと岩井香容さんのお手を煩わせました．この場を借りて感謝申し上げます．

2019年6月

藤原多伽夫

参考文献

　この本で引用したのは英語の文献ばかりではあるが，オンラインで，無料で読める文献もある．そのほかの文献は公共の図書館や大学の図書館で読めるものもあるし，著者のなかには自分のウェブサイトで論文の全文を公開している人もいる．また，いくつかの文献については研究結果の制約に関するコメントを【　】で追記した．

[1] "Food energy—Methods of Analysis and Conversion Factors," Report of a Technical Workshop. FAO Food and Nutrition Paper 77, Rome: Food and Agriculture Organization (2003). (無料で読める)

[2] S. Dalton, "Overweight and Weight Management: The Health Professional's Guide to Understanding and Treatment," Gaithersburg, MD: Aspen Publishers (1997).

[3] D. Frankenfield et al., "Comparison of Predictive Equations for Resting Metabolic Rate in Healthy Nonobese and Obese Adults: A Systematic Review," *Journal of the Academy of Nutrition and Dietetics*, 105, no. 5 (2005), 775–789. (無料で読める)
【著者らは次のように述べている．「ミフリン＝セント・ジョーの式は，測定値の10%以内でRMRを推定するように試験されている可能性がほかの式よりも高いが，個人に適用したときに顕著な誤りや制約が存在する．特定の年齢や民族グループに一般化されたときにも，制約が存在する可能性がある．】

[4] L. H. Willis et al., "Effects of Aerobic and/or Resistance Training on Body Mass and Fat Mass in Overweight or Obese Adults," *Journal of Applied Physiology*, 113, no. 12 (2012), 1831–1837. (無料で読める)

[5] L. R. Keytel et al., "Prediction of Energy Expenditure from Heart Rate Monitoring during Submaximal Exercise," *Journal of Sports Science*, 23 (2005), 289–297.
【著者らによれば，式(1.4)は「この標本でのエネルギー消費量における分散の73.4%」を表すという．したがって，この式は完璧ではない．

さらに，被験者の心拍数は 100 〜 180 bpm とばらつきがあるので，この心拍数の範囲外で ACB を推定する際には，式 (1.4) を信頼すべきでない．】

[6] R. L. Gellish et al., "Longitudinal Modeling of the Relationship between Age and Maximal Heart Rate," *Medicine & Science in Sports & Exercise*, 39, no. 5 (2007), 822–829.

[7] T. L. Halton, B. H. Frank, "The Effects of High Protein Diets on Thermogenesis, Satiety and Weight Loss: A Critical Review," *Journal of the American College of Nutrition*, 23, no. 5 (2004), 373–385.

[8] C. B. Scott et al., "Onset of the Thermic Effect of Feeding (TEF): A Randomized Cross-over Trial," *Journal of the International Society of Sports Nutrition*, 4, no. 24 (2007). (無料で読める)

[9] E. R. Helms et al., "Evidence-Based Recommendations for Natural Body- building Contest Preparation: Nutrition and Supplementation," *Journal of the International Society of Sports Nutrition*, 11, no. 20 (2014). (無料で読める)

[10] "Triglycerides: Why Do They Matter?," Diseases and Conditions: High Cholesterol, Mayo Foundation for Medical Education and Research, n.d. https://www.mayoclinic.org/diseases-conditions/high-blood-cholesterol/in-depth/triglycerides/art-20048186 (2019 年 3 月 12 日にアクセス) (無料で読める)

[11] S. M. Phillips, "Dietary Protein for Athletes: From Requirements to Metabolic Advantage," *Applied Physiology, Nutrition, and Metabolism*, 31 (2006), 647–654.

[12] F. Bellisle et al., "Meal Frequency and Energy Balance," *British Journal of Nutrition*, 77, no. S1 (1997), S57–S70.

[13] K. Ohkawara et al., "Effects of Increased Meal Frequency on Fat Oxidation and Perceived Hunger," *Obesity*, 21, no. 2 (2013), 336–343. (無料で読める)

[14] P. M. La Bounty et al., "International Society of Sports Nutrition Position Stand: Meal Frequency," *Journal of the International Society of Sports Nutrition*, 8, no. 4 (2011). (無料で読める)

[15] K. Gunnars, "23 Studies on Low-Carb and Low-Fat Diets—

参考文献

Time to Retire the Fad," Authoritynutrition.com, n.d. https://www.healthline.com/nutrition/23-studies-on-low-carb-and-low-fat-diets（2019 年 3 月 12 日にアクセス）(無料で読める)

[16] E. C. Westman et al., "Low-Carbohydrate Nutrition and Metabolism," *American Journal of Clinical Nutrition*, 86, no. 2 (2007), 276–284.（無料で読める）

[17] Fats and Oils in Human Nutrition, Report of a Joint FAO/WHO Expert Consultation, FAO Food and Nutrition Paper 57. Rome: Food and Agriculture Organization (1993). http://www.fao.org/docrep/v4700e/V4700E08.htm（無料で読める）

[18] K. L. Becker, "Principles and Practice of Endocrinology and Metabolism, Philadelphia," PA: Lippincott, Williams and Wilkins (2001).

[19] E. J. Parks, "Effect of Dietary Carbohydrate on Triglyceride Metabolism in Humans," *Journal of Nutrition*, 131, no. 10 (2001), 2772S–2774S.（無料で読める）

[20] R. P. Mensink et al., "Effects of Dietary Fatty Acids and Carbs on Blood Lipids," *American Journal of Clinical Nutrition*, 77 (2003), 1146–1155.（無料で読める）

【著者らは「今回のメタ分析に含まれている研究が行われたのは 13 〜 91 日間」という事実など，自分たちの研究に関していくつかの制約をあげている．彼らが述べているように，「観察された効果が一時的なものかどうかという疑問が生じる」．式 (2.1) の係数の誤差の範囲に関しては，2.1.4 項の内容も参照してほしい．】

[21] "An Epic Debunking of the Saturated Fat Myth," Authoritynutrition.com, July 2015. https://authoritynutrition.com/it-aint-the-fat-people/（2019 年 3 月 12 日にアクセス）

[22] "Fiber: Start Roughing It!," Nutrition Source, Harvard School of Public Health, n.d. https://www.hsph.harvard.edu/nutritionsource/carbohydrates/fiber/（2019 年 3 月 12 日にアクセス）(無料で読める)

[23] "Cholesterol: Top 5 Foods to Lower Your Numbers," Diseases and Conditions: High Cholesterol, Mayo Foundation for Medical Education and Research, n.d. https://www.mayoclinic.org/diseases-conditions/high-blood-cholesterol/in-depth/cholesterol/art-20045192（2019 年 3 月 12 日にアクセス）(無料

で読める)

[24] "Black Beans," World's Healthiest Foods, George Mateljan Foundation, n.d. http://www.whfoods.com/genpage.php?tname=foodspice&dbid=2(2019年3月12日にアクセス)(無料で読める)

[25] J. Brill, "Cholesterol Down: Ten Simple Steps to Lower Your Cholesterol in Four Weeks—Without Prescription Drugs," New York: Three Rivers Press (2006).

[26] N. D. Turner, J. R. Lupton, "Dietary Fiber," *Advances in Nutrition*, 2, no. 2 (2011), 151–152.（無料で読める)

[27] "Feed Yourself Fuller," British Nutrition Foundation, 2010. https://www.nutrition.org.uk/attachments/423_13209%20BNF%20feed%20Poster_PRINT_2.pdf (2019年3月12日にアクセス)(無料で読める)

[28] M. Ashwell, S. D. Hsieh, "Six Reasons Why the Waist-to-Height Ratio Is a Rapid and Effective Global Indicator for Health Risks of Obesity and How Its Use Could Simplify the International Public Health Message on Obesity," *International Journal of Food Sciences and Nutrition*, 56 (2005), 303–307.

[29] L. M. Browning et al., "A Systematic Review of Waist-to-Height Ratio as a Screening Tool for the Prediction of Cardiovascular Disease and Diabetes: 0.5 could be a suitable global boundary value," *Nutrition Research Reviews*, 23, no. 2 (2010), 247–269.

[30] M. Ashwell et al., "Waist-to-Height Ratio Is More Predictive of Years of Life Lost than Body Mass Index," *PLoS One*, 9, no. 9 (2014).（無料で読める)

[31] C. Storrs, "Fat Is Back: New Guidelines Give Vilified Nutrient a Reprieve," *CNN*, 23 June 2015. https://edition.cnn.com/2015/06/23/health/fat-is-back/(2019年3月12日にアクセス)(無料で読める)

[32] B. Tinker, "Cholesterol in Food Not a Concern, New Report Says," *CNN*, 19 February 2015. https://edition.cnn.com/2015/02/19/health/dietary-guidelines/ (2019年3月12日にアクセス)(無料で読める)

参考文献

[33] The quote is from "Geometry and Experience," an expanded form of an address by Albert Einstein to the Prussian Academy of Sciences in Berlin (27 January 1921). In "Albert Einstein," translated by G. B. Jeffery and W. Perrett, *Sidelights on Relativity* (1923).

[34] "Who Pays Taxes in America in 2015?," *Citizens for Tax Justice*, 9 April 2015. https://www.ctj.org/who-pays-taxes-in-america-in-2015/ (2019年3月12日にアクセス)(無料で読める)

[35] "Who Pays? A 50-State Report by the Institute on Taxation and Economic Policy," Institue for Taxation and Economic Policy, n.d. https://itep.org/category/whopays/ (2019年3月12日にアクセス)(無料で読める)

[36] B. Cosgrove-Mather, "50 Years for the Golden Arches," *CBS News*, 15 April 2005. https://www.cbsnews.com/news/50-years-for-the-golden-arches/ (2019年3月12日にアクセス)(無料で読める)

[37] "What Is Inflation and How Does the Federal Reserve Evaluate Changes in the Rate of Inflation?" Board of Governors of the Federal Reserve System, 26 January 2015. https://www.federalreserve.gov/faqs/economy_14419.htm (2019年3月12日にアクセス)(無料で読める)

[38] "Why Does the Federal Reserve Aim for 2 Percent Inflation over Time?," Board of Governors of the Federal Reserve System, 26 January 2015. https://www.federalreserve.gov/faqs/economy_14400.htm (2019年3月12日にアクセス)(無料で読める)

[39] U.S. Census Bureau, Census 2000 Brief, Housing Costs of Renters: 2000 (C2KBR-21); 2010 American Community Survey (B25064). https://www.census.gov/library/publications/2003/dec/c2kbr-21.html (2019年3月12日にアクセス)(無料で読める)

[40] M. Bostock et al., "Is It Better to Rent or Buy?," Upshot, *New York Times*, n.d. https://www.nytimes.com/interactive/2014/upshot/buy-rent-calculator.html (2019年3月12日にアクセス)(無料で読める)

[41] T. S. Bernard, "New Math for Retirees and the 4% Withdrawal

Rule," Your Money, *New York Times*, 8 May 2015. https://www.nytimes.com/2015/05/09/your-money/some-new-math-for-the-4-percent-retirement-rule.html（2019年3月12日にアクセス）（無料で読める）

[42] "The Discount Rate," Board of Governors of the Federal Reserve System, 26 May 2015. https://www.federalreserve.gov/monetarypolicy/discountrate.htm（2019年3月12日にアクセス）（無料で読める）

[43] "Weekly National Rates and Rate Caps," Federal Deposit Insurance Corporation, 15 June 2015. https://www.fdic.gov/regulations/resources/rates/（2013年3月12日にアクセス）（無料で読める）

[44] "Consumer Price Index Frequently Asked Questions," Bureau of Labor Statistics, U.S. Department of Labor, 7 September 2014. https://www.bls.gov/cpi/questions-and-answers.htm（2019年3月12日にアクセス）（無料で読める）

[45] Berkshire Hathaway. 2011 Annual Letter to Shareholders. http://www. berkshirehathaway.com/letters/2011ltr.pdf（2019年3月12日にアクセス）（無料で読める）

[46] C. M. Jaconetti et al., "Best Practices for Portfolio Rebalancing," Vanguard research, July. 2010. http://www.vanguard.com/pdf/icrpr.pdf（無料で読める）

[47] J. Davis, D. Piquet, "Recessions and Balanced Portfolio Returns," Vanguard research, October 2011.（無料で読める）

[48] F. Drake, D. Sobel, "Is Anyone Out There? The Scientific Search for Extraterrestrial Intelligence," New York: Delta (1994).

[49] J. C. McGinty, "To Find Love Match, Try Love Math (Results Will Vary)," Numbers, *Wall Street Journal*, 13 February 2015. https://www.wsj.com/articles/to-find-love-match-this-valentines-day-try-love-math-1423842975（2019年3月12日にアクセス）（無料で読める）

[50] "Secretary Problem," Wikipedia, n.d. https://en.wikipedia.org/wiki/Secretary_problem（2019年3月12日にアクセス）（無料で読める）

[51] F. T. Bruss, "A Unified Approach to a Class of Best Choice

参考文献

Problems with an Unknown Number of Options," *Annals of Probability*, 12, no. 3 (1984), 882–891.（無料で読める）
[52] D. Gusfield, R. W. Irving, "The Stable Marriage Problem: Structure and Algorithms. Cambridge," MA: MIT Press (1989) の定理 1.2.2 項および 1.2.3 項参照.
[53] D. Gale, L. S. Shapley, "College Admissions and the Stability of Marriage," *American Mathematical Monthly*, 69 (1962), 9–15.
[54] K. Iwama, S. Miyazaki, , "A Survey of the Stable Marriage Problem and Its Variants," *Proceedings of International Conference on Informatics Education and Research for Knowledge-Circulating Society 2008*, 131–136. IEEE Computer Society (2008).
[55] S. Rinaldi, A. Gragnani, "Love Dynamics between Secure Individuals: A Modeling Approach," *Nonlinear Dynamics, Psychology, and Life Sciences*, 2 (1998), 283–301.
[56] "Bargaining Problem: Nash Bargaining Solution," Wikipedia, n.d. https://en.wikipedia.org/wiki/Bargaining_problem#Nash_bargaining_solution（2019 年 3 月 12 日にアクセス）（無料で読める）
[57] J. F. Jr. Nash, , "The Bargaining Problem," *Econometrica*, 18, no. 2 (1950), 155–162.
[58] J. Gottman et al., "The Mathematics of Marital Conflict: Dynamic Mathematical Nonlinear Modeling of Newlywed Marital Interaction," *Journal of Family Psychology*, 13 (1999), 1–17.
[59] J. Gottman et. al., "The Mathematics of Marriage: Dynamic Nonlinear Models," Cambridge, MA: MIT Press (2002).
[60] R. E. Heyman, A. M. Smith Slep, "The Hazards of Predicting Divorce without Crossvalidation," *Journal of Marriage and Family*, 63, no. 2 (2001), 473–479.
[61] Radboud University Nijmegen, "Mathematical Counseling for All Who Wonder Why Their Relationship Is Like a Sinus Wave." ScienceDaily, 15 November 2012. https://www.sciencedaily.com/releases/2012/11/121115132855.htm（無料で読める）

索　引

【数字・欧文】

1日の総エネルギー消費量 16, 21, 46
1分間の有酸素運動で消費される
　カロリー　　　　　　　　　　13
3乗　　　　　　　　　　　　155
37%の法則　　　117, 117(注釈), 125
ACB　　　　　　　　　　　　13
CAGR　　　　　　　　62(注釈), 98
CPI　　　　　　　　　　　　88
DIT　　　　　　　　　　　　21
ETF　　　　　　95, 95(注釈), 97, 104
GSアルゴリズム　　　　121, 122,
　　　123(注釈), 124, 125, 147, 188
HDL　　　　　　　　　　　　29
IPO　　　　　　　　　　　　181
LDL　　　　　　　　　　　　29
MHR　　　　　　　　　　　　14
RFC　　　　　　　　　　　　39
RMR　　　　　　　　　9, 10, 20
RR比　　　　　　　　　　96, 104
S&P 500　　　　　95, 97, 99, 182
　——指数　　　　　　　　　　95
STE　　　　　　　　　76, 77, 81
　——の比率　　　　　　　78, 80
TDEE　　　　　　　17, 18, 21, 46
THR　　　　　　　　　　31, 32
VLDL　　　　　　　　　　　　29
WHtR　　　　　41, 41(注釈), 43, 44
x戦略　　　　　　　　　　　124
y切片　　　　　　　　　　5, 20

【あ】

アインシュタイン　　　　45, 148
アトウォーター　　　　　　9, 13
　——係数　　　　4, 19, 20, 158
アトウォーター，ウィルバー　4
アメリカ財務省　　　　　　　95
安静時代謝量　　　　　　　9, 20
安定結婚問題　　　　　121, 134
安定マッチング　　　　　　121
　——問題　　　　　　　　121
一次関数　5, 5(注釈), 11, 13, 20, 51,
　　　　　　　53, 136, 170
一価不飽和脂肪酸　　　　31〜33
インフレ　　　　　　　　59, 81
ウェスト，ジェフリー　　　146
ウエスト・身長比　　　　41, 47
エネルギー密度　　　　　36, 47
オイラー数　　　　　　　　117

【か】

確率　　　　　　　　　　　124
可処分所得　　　　　　　55, 57
課税所得　　　　　　　　　　52
傾き　　　　　　　　　　5, 20
ガリレイ，ガリレオ　　144, 148
カロリー摂取量　　　　　　　18
カロリー不足　　　　　　　　18
関係が弱い　　　　　　　　130
関数　　　　　　　　　　　156

203

索引

幾何平均	62（注釈）
「協力ゲーム」の理論	135
極限	186
区分線形関数	54, 55, 80
グラフ	20
クロウ，ラッセル	135, 143
経済的自由	73, 74, 76, 77, 79
計算	52
経費総額	74
ゲーム理論	128, 135, 144
ゲール゠シャプレイアルゴリズム	121, 124
減衰率	185
合計実効税率	72, 81
交渉問題	135
控除額	81
公定歩合	87
高密度リポタンパク質	29
効用関数	136, 138（注釈）
国債	97〜99
個人の貯蓄率	75
ゴットマン，ジョン	141, 142, 145
コレステロール	29, 29（注釈）

【さ】

最大心拍数	14
裁量所得	58
三次多項式	165
指数	64, 70
――関数	64, 80, 169, 170, 185, 187
実質的なリターン	89
社債	181
従属変数	5, 20
瞬間変換率	144
証券会社	182
上場投資信託	95
消費者物価指数	88
初期値	64
食事誘発性熱産生	17, 21
食物繊維	33, 34, 36, 47
所得控除	56
所得税	81
心臓病	31, 32
水溶性食物繊維	33
スワンソン，キャサリン	141
請求書	58
税率区分	52
セーガン，カール	110
摂取した余分なカロリー	46
線形関数	20
総コレステロールとHDLコレステロールの比率	31, 32, 47
総収入	52
相乗平均	62（注釈），175

【た】

代謝適応	18
対数	70, 175
――関数	82
――の定義	70
多価不飽和脂肪酸	32
多項式	160
多重線形関数	12, 13, 20, 25, 31, 32, 158, 159
食べ物を選択する有理関数	39
炭水化物	4
中性脂肪	24, 28, 46
超低密度リポタンパク質	29
貯蓄と経費の比率	77
底	70

定期貯金	*87*
低炭水化物ダイエット	*46*
低密度リポタンパク質	*29*
——コレステロール	*47*
導関数	*144, 185*
独立変数	*20, 64*
ドレイク, フランク	*109*
ドレイク方程式	*109, 110*(注釈), *125*

【な】

ナッシュ, ジョン	*135, 143*
——積	*137, 144, 147*
——の交渉問題	*147*
二次	*15, 15*(注釈), *190*
——関数	*15, 160, 190, 191*
——項	*189*
——方程式	*162*
ニュートン	*148*
ネガティブの閾値	*142*
ネットカーブ	*34*
年平均成長率	*62*(注釈), *98*

【は】

配当	*181*
非線形多項式	*46*
必要経費	*58*
標準偏差	*90, 91, 93, 94, 103*
複数の一次関数	*11*
負債	*58*
不飽和脂肪酸	*30*
フライ, ハンナ	*146*
プラトン	*144*
平均変化率	*185*
平衡状態	*144*
変数	*5*
変動性	*90*
飽和脂肪酸	*30, 32, 32*(注釈)
ポートフォリオ	*96, 103*
——のリバランス	*106*
ボラティリティ	*103*

【ま・や】

マレー, ジェームズ	*141*
ミフリン=セント・ジョー式	*10*
家賃の支払いをローンの支払いに変える	*66*
家賃を払う暮らしから住宅ローンを返済する暮らしに転換する	*68*
有酸素運動	*12, 21*
有理関数	*39, 46*
雪だるま式返済法	*72*
預金保険	*86*(注釈)
余分なカロリー	*24*

【ら】

力学系	*127, 128, 128*(注釈), *131, 142, 144*
リターンの合計	*91*
リバランス	*93, 104*
累進課税	*54*
連続増加率	*185*
連邦準備銀行	*59*

■著者 オスカー・E・フェルナンデス（Oscar E. Fernandez）

アメリカのマサチューセッツ州にあるウェルズリー大学の准教授．著書に『微分，積分，いい気分．』（岩波書店）がある．「ハフポスト」に数学記事を執筆．自身のウェブサイト "surroundedbymath.com" をもつ．

■訳者 藤原多伽夫（ふじわら たかお）

翻訳家，編集者．1971年三重県生まれ．静岡大学理学部卒業．科学，探検，環境，考古学など幅広い分野の翻訳と編集に携わる．主な訳書に，スタイン『探偵フレディの数学事件ファイル：LA発 犯罪と恋をめぐる14のミステリー』（化学同人），パイン『7つの人類化石の物語』（白揚社），リチャード・ショー『昆虫は最強の生物である』（河出書房新社）などがある．

幸せをつかむ数式
数学が教える健康・お金・恋愛の成功法則

2019年7月15日　第1刷　発行

訳　者　藤原多伽夫
発行者　曽根良介
発行所　（株）化学同人

〒600-8074 京都市下京区仏光寺通柳馬場西入ル
編集部 TEL 075-352-3711　FAX 075-352-0371
営業部 TEL 075-352-3373　FAX 075-351-8301
振　替　01010-7-5702
E-mail　webmaster@kagakudojin.co.jp
URL　https://www.kagakudojin.co.jp
印刷・製本　シナノパブリッシングプレス（株）

検印廃止

JCOPY 〈出版者著作権管理機構委託出版物〉

本書の無断複写は著作権法上での例外を除き禁じられています．複写される場合は，そのつど事前に，出版者著作権管理機構（電話 03-5244-5088, FAX 03-5244-5089, e-mail: info@jcopy.or.jp）の許諾を得てください．

本書のコピー，スキャン，デジタル化などの無断複製は著作権法上での例外を除き禁じられています．本書を代行業者などの第三者に依頼してスキャンやデジタル化することは，たとえ個人や家庭内の利用でも著作権法違反です．

Printed in Japan　©Takao Fujiwara 2019　無断転載・複製を禁ず　　ISBN978-4-7598-1985-4
乱丁・落丁本は送料小社負担にてお取りかえします